M'hamed Birame
Lakhdar Mokrani
Boubaker Azoui

Commande Floue D'un Redresseur En Cascade Avec Un Hacheur Double Étage

M'hamed Birame
Lakhdar Mokrani
Boubaker Azoui

Commande Floue D'un Redresseur En Cascade Avec Un Hacheur Double Étage

Alimentant un système de biberonnage par supercondensateur d'un véhicule électrique

Presses Académiques Francophones

Impressum / Mentions légales
Bibliografische Information der Deutschen Nationalbibliothek: Die Deutsche Nationalbibliothek verzeichnet diese Publikation in der Deutschen Nationalbibliografie; detaillierte bibliografische Daten sind im Internet über http://dnb.d-nb.de abrufbar.
Alle in diesem Buch genannten Marken und Produktnamen unterliegen warenzeichen-, marken- oder patentrechtlichem Schutz bzw. sind Warenzeichen oder eingetragene Warenzeichen der jeweiligen Inhaber. Die Wiedergabe von Marken, Produktnamen, Gebrauchsnamen, Handelsnamen, Warenbezeichnungen u.s.w. in diesem Werk berechtigt auch ohne besondere Kennzeichnung nicht zu der Annahme, dass solche Namen im Sinne der Warenzeichen- und Markenschutzgesetzgebung als frei zu betrachten wären und daher von jedermann benutzt werden dürften.

Information bibliographique publiée par la Deutsche Nationalbibliothek: La Deutsche Nationalbibliothek inscrit cette publication à la Deutsche Nationalbibliografie; des données bibliographiques détaillées sont disponibles sur internet à l'adresse http://dnb.d-nb.de.
Toutes marques et noms de produits mentionnés dans ce livre demeurent sous la protection des marques, des marques déposées et des brevets, et sont des marques ou des marques déposées de leurs détenteurs respectifs. L'utilisation des marques, noms de produits, noms communs, noms commerciaux, descriptions de produits, etc. même sans qu'ils soient mentionnés de façon particulière dans ce livre ne signifie en aucune façon que ces noms peuvent être utilisés sans restriction à l'égard de la législation pour la protection des marques et des marques déposées et pourraient donc être utilisés par quiconque.

Coverbild / Photo de couverture: www.ingimage.com

Verlag / Editeur:
Presses Académiques Francophones
ist ein Imprint der / est une marque déposée de
AV Akademikerverlag GmbH & Co. KG
Heinrich-Böcking-Str. 6-8, 66121 Saarbrücken, Deutschland / Allemagne
Email: info@presses-academiques.com

Herstellung: siehe letzte Seite /
Impression: voir la dernière page
ISBN: 978-3-8416-2052-1

Copyright / Droit d'auteur © 2013 AV Akademikerverlag GmbH & Co. KG
Alle Rechte vorbehalten. / Tous droits réservés. Saarbrücken 2013

SOMMAIRE

INTRODUCTION GENERALE 01

CHAPITRE I SUPERCONDENSATEUR, PRINCIPE ET MODÉLISATION

I.1. INTRODUCTION 04
I.2. MOYENS DE STOCKAGE D'ENERGIE CONVENTIONNELS 04
I.3. DE NOUVEAUX COMPOSANTS POUR LE STOCKAGE D'ENERGIE 04
I.4. STOCKAGE D'ENERGIE EN UTILISANT DES SUPERCONDENSATEURS 06
    I.4.1 Principe et Généralité sur les supercapacités 06
    I.4.2 Performances commerciales des supercapacités 07
    I.4.3 Modèle d'un pack de supercondensateurs 08
        I.4.3.1 Modèle d'une supercapacité 08
        I.4.3.2 Modèle d'un pack de supercapacités 11
I.5. STRATEGIES DE CHARGE ET DE DECHARGE DES SUPERCAPACITES 12
I.6 UTILISATION DU STOCKAGE SUPERCAPACITIF DANS LE DOMAINE DE TRANSPORT URBAIN COLLECTIF 13
    I.6.1 Supercondensateur pour l'alimentation de bus électriques par biberonnage .. 14
    I.6.2 Compensation des chutes de tension d'un réseau de traction électrique à partir d'une sous-station à stockage 15
I.7 CONCLUSION 16

CHAPITRE II MODELISATION DES CONVERTISSEURS STATIQUES AC-DC A FACTEUR DE PUISSANCE UNITAIRE

II.1. INTRODUCTION 17
II.2 CONVERTISSEURS AC-DC A FACTEUR DE PUISSANCE UNITAIRE 17
    II.2.1 Différents Types de redresseurs 17
        II.2.1.1 Redresseurs à commutation naturelle 17
        II.2.1.2 Redresseurs à commutation forcée 18
    II.2.2 Stratégie de contrôle du facteur de puissance unitaire 19

II.2.3 Redresseur monophasé à facteur de puissance unitaire 20
    II.2.3.1 Mise en équation du système 20
    II.2.3.2 Asservissement de la tension de sortie et du courant d'entrée 21
    II.2.3.3 Synthèse d'un correcteur PI 23
    II.2.3.4 Résultats de simulation 24
II.2.4 Redresseur triphasé à facteur de puissance unitaire 26
    II.2.4.1 Mise en équation du système 27
    II.2.4.2 Asservissement de la tension de sortie et du courant d'entrée 29
    II.2.4.3 Résultats de simulation 33
II.3 CONCLUSION 34

CHAPITRE III MODELISATION DES CONVERTISSEURS STATIQUES DC-DC

III.1. INTRODUCTION 35
III.2 CONVERTISSEURS STATIQUES DC-DC 35
    III.2.1 Hacheurs série 36
    III.2.2 Hacheurs à stockage inductif 38
III.3 COMMANDE DES HACHEURS 40
    III.3.1 Commande d'un hacheur série 41
    III.3.2 Résultats du simulation 43
    III.3.3 Commande d'un hacheur à stockage inductif 43
    III.3.4 Résultats de simulation 44
III.4 CONCLUSION 45

CHAPITRE IV COMMANDE DES CONVERTISSEURS STATIQUES PAR LA LOGIQUE FLOUE

IV.1 INTRODUCTION 46
IV.2 PRINCIPE ET HISTORIQUE DE LA LOGIQUE FLOUE 46
IV.3 APPLICATIONS 47
IV.4 GENERALITES SUR LA LOGIQUE FLOUE 48
    IV.4.1 Variables linguistiques et ensembles flous 48
    IV.4.2 Différentes formes des fonctions d'appartenance 48
    IV.4.3 Inférence à plusieurs règles floues 51
IV.5 DESCRIPTION ET STRUCTURE D'UNE COMMANDE PAR LA LOGIQUE FLOUE 52

IV.5.1 Interface de fuzzification 53
IV.5.2 Mécanisme d'inférence floue 54
IV.5.3 Interface de défuzzification 56
IV.6 COMMANDE FLOUE DES CONVERTISSEURS AC-DC MONOPHASE ET TRIPHASE A FACTEUR DE PUISSANCE UNITAIRE 58
    IV.6.1 Principe et structure de la commande 58
    IV.6.2 Description du régulateur flou 60
    IV.6.3 Résultats de simulation et discussion 63
        IV.6.3.1 Cas d'un redresseur triphasé à commutation forcée 63
        IV.6.3.2 Cas d'un redresseur monophasé à commutation forcée 64
IV.7 COMMANDE FLOUE D'UN HACHEUR SERIE 65
    IV.7.1 Principe et structure de commande floue en courant d'un hacheur série ... 65
    IV.7.2 Description du régulateur flou 66
    IV.7.3 Résultats de simulation et discussion 67
IV.8 COMMANDE FLOUE D'UN HACHEUR A STOCKAGE INDUCTIF 68
    IV.8.1 Principe et structure de commande d'un hacheur à stockage inductif 69
    IV.8.2 Description du régulateur flou 69
    IV.8.3 Résultats de simulation et discussion 70
IV.9 CONCLUSION 71

CHAPITRE V RESULTATS DE SIMULATION D'UN SYSTEME DE BIBERONNAGE SUPERCAPACITIF D'UN VEHICULE ELECTRIQUE.

V.1 INTRODUCTION 72
V.2 PRESENTATION DU SYSTEME DE BIBERONNAGE 72
V.3 DIMENSSIONNEMENT DU SYSTEME DE BIBERONNAGE 73
    V.3.1 Dimensionnement des grandeurs de puissance électrique de la chaîne de traction électrique 73
        V.3.1.1 Moteur de traction de la roue du véhicule électrique 73
        V.3.1.2 Pack de supercapacités 74
    V.3.2 Dimensionnement du hacheur à stockage inductif 74
    V.3.3 Dimensionnement du pack de supercondensateurs 76
    V.3.4 Dimensionnement du hacheur série 79
    V.3.5 Dimensionnement des redresseurs 80

V.3.5.1 Cas d'un redresseur monophasé à facteur de puissance unitaire 80

V.3.5.2 Cas d'un redresseur triphasé à facteur de puissance unitaire 81

V.4 CHARGE D'UN PACK DE SUPERCONDENSATEURS A OURANT CONSTANT 82

    V.4.1 Cas d'une commande du redresseur à commutation forcée et du hacheur série par une MLI à hystérésis 83

    V.4.2 Cas d'une commande floue du redresseur à commutation forcée et du hacheur série 86

V.5 ETUDE D'UN CYCLE DE FONCTIONNEMENT D'UN SYSTEME DE BIBERONNAGE SUPERCAPACITIF D'UN MOTEUR A COURANT CONTINU AU DEMARRAGE 89

    V.5.1 Cas d'une commande par MLI à hystérésis des convertisseurs statiques AC-DC et DC-DC 90

    V.5.2 Cas d'une commande floue des convertisseurs statiques AC-DC et DC-DC .93

    V.5.3 Résultats de simulation et discussion 95

V.6 CONCLUSION 98

CONCLUSION GENERALE 100

ANNEXES

REFERENCES BIBLIOGRPHIQUES

INTRODUCTION GÉNÉRALE

Dans les applications nécessitant le stockage d'énergie électrique, deux facteurs sont importants, la densité de puissance, et la densité d'énergie [1]. Le dilemme densité de puissance faible/ densité d'énergie élevée pour les batteries, et densité de puissance élevée/ densité d'énergie élevée pour les capacités, peut être surmonté par l'utilisation des supercapacités dans pas mal d'applications [1][2][3].

De récents développements ont conduit à l'application de ces nouveaux composants (supercapacités) dédiés au stockage de l'énergie électrique. Ces composants sont caractérisés par des densités en énergie nettement supérieures à celles des condensateurs classiques (on parle de capacité pouvant atteindre les 3600F), et des densités en puissance accrues par rapport aux batteries [4].

Ainsi, même si la densité en énergie d'un supercondensateur reste inférieure à celle des batteries dans un rapport de 10, ces nouveaux composants offrent de nouvelles perspectives dans toute application où le stockage d'énergie n'impose pas de contraintes majeures vis-à-vis de la densité en énergie, mais où la disponibilité en puissance requise n'est pas compatible avec la technologie des batteries [1][5].

Avec ces avantages, il est visible que les supercondensateurs se situent dans un domaine intermédiaire. Les applications sont typiquement d'appoint : source auxiliaire de puissance pour les domaines ferroviaires comme les tramways, les locomotives de manœuvre, les autorails, mai aussi pour les camions de livraison et les autobus, … etc.

Une telle propriété peut être exploitée pour limiter la chute de tension dans les réseaux électriques alimentant des entraînements électriques tels que les véhicules et les ascenseurs électriques, lors des transitions exigeant des appels forts de courants (démarrages, freinage, montées à grandes pentes, … etc.) [2].

Généralement, des packs de supercondensateurs sont chargés lentement à partir du réseau électrique via des convertisseurs statiques AC-DC et DC-DC, et déchargés rapidement (biberonnage) via des convertisseurs DC-DC pour subvenir à l'appel fort de courant de l'entraînement électrique, et limiter ainsi les contraintes de puissance imposées par la charge sur la source [1][6].

Il a été établi que les supercapacités ne peuvent pas être reliées directement à la charge car leur tension varie durant les périodes de charge et de décharge [4][7]. Tandis que la majorité des applications exigent un niveau de tension ou de courant constant. C'est la raison pour laquelle des convertisseurs de l'électronique de puissance DC-DC sont nécessaires pour réaliser l'interfaçage entre les packs des supercapacités et la charge [8][9][10].

D'autres part, un convertisseurs AC-DC est indispensable pour convertir l'énergie alternative en énergie continue afin d'assurer directement la charge lente des supercapacités à partir du réseau électrique, ou par l'intermédiaire des hacheurs [7][9].

La logique floue qui est une technique de l'intelligence artificielle a été utilisée avec succès pour contrôler les convertisseurs statiques de l'électronique de puissance. Son point fort c'est sa robustesse, étant donné que la décision floue est basée sur des appréciations vagues, qui ne nécessitent même pas une connaissance précise du modèle du système à commander.

Dans ce contexte, ce travail comprend une étude d'un système de biberonnage d'un véhicule électrique par un pack de supercondensateurs via un hacheur série-parallèle commandé par un PI flou, alimenté par un redresseur à commutation forcée à facteur de puissance unitaire en cascade avec un hacheur série commandé par la logique floue. Il est composé de cinq chapitres exposant la démarche présentée ci-dessus.

Le premier chapitre présente le composant de stockage de l'énergie électrique utilisé : le supercondensateur et ses applications dans les différents domaines, et aussi sa modélisation.

Dans le second chapitre, seront présentés deux convertisseurs statiques AC-DC à commutation forcée l'un est monophasé et l'autre est triphasé, et leur commande par des régulateurs PI pour avoir un facteur de puissance proche de l'unité du côté alternatif, et une tension continue à la sortie constante.

Le troisième chapitre présente deux types de convertisseurs statiques de type DC-DC: Un hacheur série utilisé pour charger lentement un pack de supercondensateurs, il est commandé en courant, et un hacheur série-parallèle (à stockage inductif) utilisé pour décharger rapidement un pack de supercondensateurs pour le biberonnage d'un moteur à courant continu d'un véhicule de traction électrique au démarrage et dont la commande se fait aussi en courant.

Dans le quatrième chapitre, on présente la théorie de base de la logique floue et son application dans le domaine de l'électronique de puissance, pour commander les interrupteurs comandables des redresseurs monophasé et triphasé, et des hacheurs série et série-parallèle.

Au cinquième chapitre, on présentera le dimensionnement de toute la chaîne de biberonnage du moteur de traction électrique, et des résultats de simulation, d'une charge/décharge du pack de supercondensateurs.

Enfin on présente et on discute des résultats de simulation d'un cycle de fonctionnement constitué d'une charge et une décharge d'un pack de supercondensateurs dans le cas de deux types de commande des convertisseurs AC-DC et DC-DC, à savoir la commande en courant par MLI à hystérésis, et la commande par la logique floue.

I.1 INTRODUCTION

Ce chapitre, comprend principalement une description et une modélisation de l'un des moyens de stockage de l'énergie à savoir les supercapacités ou les supercondensateurs et leur domaine d'utilisation dans le domaine du transport urbain et de la traction électrique en particulier.

I.2 MOYENS DE STOCKAGE D'ÉNERGIE CONVENTIONNELS

L'électricité est l'une des formes les plus pratiques et les plus universelles de l'utilisation de l'énergie en général. Bien qu'elle soit produite et distribuée en quantités gigantesques, les cycles de son utilisation ne sont pas toujours adaptés aux moyens de production. En fonction de la consommation journalière avec ses creux et ses pointes, on utilise depuis fort longtemps des installations de stockage hydroélectriques en pompage-turbinage pour répartir quelque peu la production continue [10].

Pour de beaucoup plus faibles quantités d'énergie, l'utilisateur est souvent confronté à des contraintes techniques ou économiques, qui pénalisent le prélèvement de puissance instantanée élevée [9][10].

. Depuis le milieu des années soixante-dix, des projets d'application de stockage instantané ont été réalisés, mettant en jeu des moyens divers, allant du volant d'inertie aux bobines à supraconducteurs, en passant pas diverses formes de conversion électrochimique ou de batteries. En parallèle du développement de ces porteurs d'énergie, les moyens de convertir cette dernière pour la charge et la décharge des éléments stockeurs a évolué considérablement [2][7].

I.3 DE NOUVEAUX COMPOSANTS POUR LE STOCKAGE D'ÉNERGIE

Les supercondensateurs sont de nouveaux composants ayant fait l'objet de développements récents, dont le principe de fonctionnement est basé sur celui des condensateurs classiques, mais dont la technologie est issue de celle des batteries d'accumulateurs électrochimiques. De ce fait, les supercondensateurs offrent des performances en densité de puissance supérieures à celles des batteries, et, simultanément, des densités énergétiques plus élevées que les condensateurs classiques. A titre d'exemple la figure (I.1) illustre une comparaison en taille, volume, et densité énergétique entre un condensateur électrolytique et un supercondensateur [13][14]. D'autre part la figure (I.2) montre la connexion de plusieurs supercondensateurs [14][15].

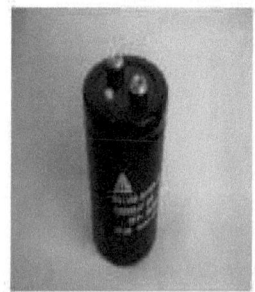 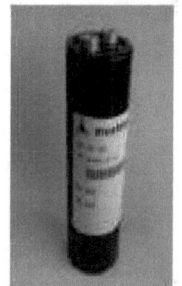

Condensateur électrolytique *Supercondensateur*
100000 µF/16V *800F/2.5V*
W=12.8 Joules *W=2500 Joules*

Fig. I.1 Comparaison entre un condensateur classique et un supercondensateur

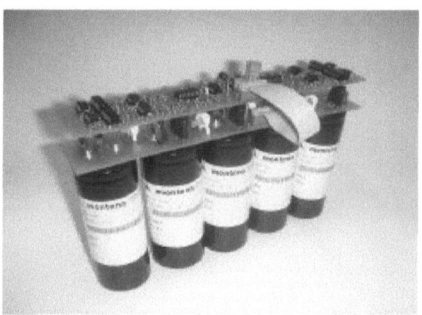

Fig. I.2 Connexion des supercondensateurs

On notera de plus que les constructeurs proposent aujourd'hui des supercondensateurs d'une capacité de 1800F ; 2600F, et plus [2].

Les applications à supercondensateurs sont de deux types : soit en tant que source d'énergie principale pour toutes les applications pour lesquelles le poids et le volume de ces composants sont compatibles avec des impératifs de compacité ; ou soit comme un réservoir tampon d'énergie associé à une source principale [8][10].

En général, le supercondensateur est alors associé à une source d'énergie, avec pour mission de limiter les contraintes en puissance sur cette source [16].

On s'intéresse dans ce travail à l'utilisation des supercondensateurs en tant que réservoirs tampon d'énergie.

I.4 STOCKAGE D'ÉNERGIE EN UTILISANT DES SUPERCONDE-NSATEURS

I.4.1 Principe et Généralités sur les supercapacités

Plusieurs technologies de supercapacité sont en cours de développement [2]. Celles directement concernées par les applications de stockage d'énergie dans le domaine de la puissance utilisent un électrolyte organique limitant la tension élémentaire à 3 volts environ et des électrodes non polarisées de haute surface spécifique.

Il ne s'agit donc pas d'étendre la gamme de condensateurs électrolytiques mais bien de satisfaire des besoins de stockage et de restitution d'énergie sur de courtes durées [17].

Les capacités unitaires sont de l'ordre de la centaine voire du millier de Farads à comparer avec le micro ou le millifarad pour les condensateurs électrolytiques [18][25].

Les durées de charge ou de décharge sont généralement de l'ordre de la seconde à comparer avec la micro ou la milliseconde pour les condensateurs, et la minute ou l'heure pour les batteries [3][12].

Le principe de base de la technologie du supercondensateur repose sur la théorie de la double couche d'Helmhotz qui décrit l'accumulation de charges électriques à l'interface entre un conducteur ionique (électrolyte) et un conducteur électronique de haute surface spécifique (électrode). Le condensateur ainsi créé se caractérise par une capacité de valeur très élevée, résultant d'une surface d'interface très élevée et d'une épaisseur d'extension de la double couche très faible ($C=\varepsilon S/e$) [12].

Les principales solutions en cours d'industrialisation sont à base de charbon actif de haute surface spécifique (>1000 m^2/g) sous forme de poudres ou de tissus. Les technologies à base de poudres sont les plus économiques. Le procédé courant de mise en œuvre de ces poudres est l'enduction (dépôt de charbon actif sur un collecteur de courant par l'utilisation d'un solvant). Le procédé d'extrusion (solution alternative en développement) permet de réaliser en continu des électrodes auto supportées sans utiliser des solvants [12].

Pratiquement, la fabrication d'un élément unitaire de tension inférieure à 3 volts consiste à :

- Bobiner ou empiler des couches de complexe collecteur de courant/électrode/séparateur
- Intégrer une connectique adaptée aux courants forts;
- Imprégner l'électrolyte et réaliser un packaging étanche.

La densité de puissance ($V^2/(4R_{sm})$) qui est de plusieurs kW/kg est limitée par la tension d'utilisation de l'électrolyte et la résistance série du système représentant une combinaison de différentes résistances ioniques et électroniques. Elle est donc beaucoup plus faible que celle des condensateurs, mais beaucoup plus élevée que celle des batteries.

S'agissant d'une technologie mettant en œuvre des phénomènes électrochimiques sans modification physique des électrodes (pas de réaction d'oxydo-réduction), le nombre maximal de cycles de charge/décharge, lié aux processus de vieillissement, est aussi un compromis entre les condensateurs et les batteries.

I.4.2 Performances commerciales des supercapacités

Les performances réalisées pour les solutions décrites plus haut sont [12] :

- Des capacités unitaires de quelques centaines à plusieurs milliers de farads ;
- Une énergie spécifique de 3 à 4 Wh/kg ;

- Une puissance spécifique de 4 à 6 kW/kg, soit une constante de temps de l'ordre de la seconde ;
- Des courants maximaux de charge ou de décharge de plusieurs centaines d'ampères ;
- Une tension par élément limitée à 2,5 V et pouvant probablement atteindre 2,8 V;
- Une tension par module (assemblage série–parallèle d'éléments unitaires) de plusieurs centaines de volts.

Ainsi, on peut estimer que le domaine d'intérêt privilégié des supercondensateurs regroupe des applications exigeant [12] :
- Une puissance spécifique de charge et/ou de décharge élevée (> 2 kW/kg) ;
- Un courant de charge et/ou de décharge élevé (>100 A) ;
- Une faible durée de décharge (1-20 s) ;
- Un nombre de cycles élevé (> 10 000 cycles) ;
- Un fonctionnement sur une gamme de température étendue (– 30 à + 60 °C).

De ce fait l'utilisation de supercondensateurs présente les intérêts suivants :
- Eviter un surdimensionnement en énergie et réduire drastiquement le volume ;
- Réduire les coûts de maintenance et augmenter la durée de vie des composants ;
- Réduire la sensibilité des composants à la température.

I.4.3 Modèle d'un pack de supercondensateurs

L'utilisation des supercondensateurs comme système de stockage d'énergie, passe par la réalisation d'un pack en associant plusieurs éléments en série et en parallèle. Les modélisations d'un élément et d'un pack sont présentées ici.

I.4.3.1 Modèle d'une supercapacité

Le modèle dynamique équivalent d'un supercondensateur est schématisé par la figure (I.3) [4][7].

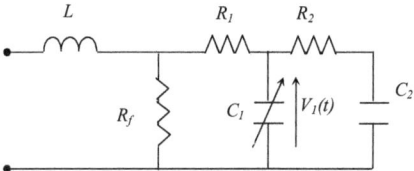

Fig. I.3 Modèle dynamique de supercondensateur à deux branches capacitives

La cellule représentée par la branche principale R_1-C_1 détermine l'évolution de l'énergie pendant les cycles de charge et de décharge. Par contre, la branche R_2-C_2 est la branche lente qui intervient lors du phénomène de redistribution des charges internes du composant intervenant à la fin de la charge (ou de décharge).

De plus, l'inductance L (de quelques nH) montée en série, représente la limitation en fréquence du composant mais elle peut être négligée dans les applications à fréquences de charge/décharge inférieures à 100 kHz [4][7].

La capacité C_1 varie en fonction de la tension présente à ses bornes, de telle sorte que :

$$C_1 = C_0 + Cv\, V_1(t) \qquad (\text{I.1})$$

R_1 c'est la résistance série du composant ; en pratique elle est de l'ordre de $1m\Omega$ pour les grands supercondensateurs [4][7]. D'autre part, R_f est la résistance de fuite du composant! ; elle symbolise l'autodécharge du supercondensateur (de l'ordre de plusieurs $k\Omega$) [4][7].

La détermination des paramètres du modèle équivalent d'un supercondensateur se fait par une charge à courant constant du composant.

Le modèle équivalent est un condensateur en série avec une résistance, il est représenté par la figure (I.4) [7][20].

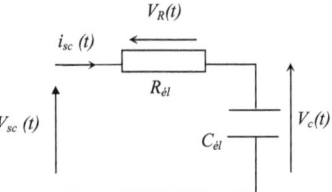

Fig. I.4 Modèle simplifié d'un supercondensateur

Soit Q la quantité de charge stockée sur l'armature du supercondensateur, elle s'écrit :

$$Q(t) = C_{él} V_c(t) \qquad (I.2)$$

Les caractéristiques électriques (courant i_{sc}, puissance P_c, énergie E) du supercondensateur sont donc [20]:

$$i_{sc}(t) = \frac{dQ(t)}{dt} = \frac{d}{dt}[C_{él}V_c(t)] = C_{él}\frac{dV_c(t)}{dt} \qquad (I.3)$$

$$P_c(t) = V_c(t) i_{sc}(t) = C_{él} V_c(t) \frac{dV_c(t)}{dt} \qquad (I.4)$$

$$E_{t1 \to t2}(t) = \int_{t1}^{t2} P_c(t) dt = \int_{t1}^{t2} C_{él} V_c(t) dV_c(t) = \left[\frac{1}{2} C_{él} V_c^2(t)\right]_{V_{C1}}^{V_{C2}} \qquad (I.5)$$

L'énergie maximale $E_M(t)$ contenue dans un supercondensateur est calculée pour la tension de service V_{cserv} telle que :

$$E_M = \frac{1}{2} C_{él} V_{cserv}^2 \qquad (I.6)$$

La profondeur de décharge K est définie par le rapport entre la tension maximale $V_{CM}(t)$ et la tension minimale $V_{Cm}(t)$ d'un élément :

$$K = \frac{V_{Cm}(t)}{V_{CM}(t)} \qquad (I.7)$$

L'énergie maximale utilisable $E_{util}(t)$ est calculée entre la tension maximale et la tension minimale de service [20]. On a .

$$E_{util}(t) = \left[\frac{1}{2}C_{él}V_c^2(t)\right]_{V_{Cm}}^{V_{CM}} = \left[\frac{1}{2}C_{él}V_c^2(t)\right]_{KV_{CM}}^{V_{CM}} = (1-K^2)E_M \quad (I.8)$$

En règle générale, on prend $K = 0.5$:

$$E_{util} = \frac{3}{4}E_M \quad (I.9)$$

I.4.3.2 Modèle d'un pack de supercondensateurs

Le pack de supercapacités est constitué de N_s supercondensateurs branchés en série et N_p en parallèle. Le modèle équivalent est un supercondensateur C_{sc} en série avec une résistance R_{sc} [20].

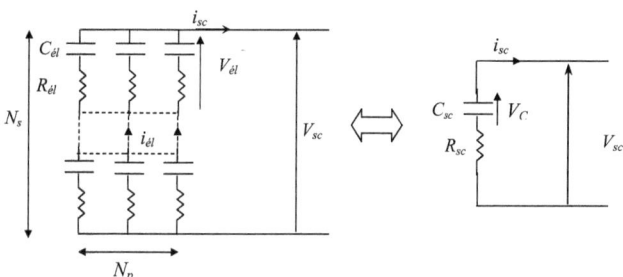

Fig. I.5 Modèle d'un pack de supercondensateurs

A partir de la figure précédente, on peut calculer la capacité et la résistance globales du pack de supercondensateurs par [4][7][20]:

$$C_{sc} = \frac{N_p}{N_s}C_{él} \quad (I.10)$$

$$R_{sc} = \frac{N_s}{N_p}R_{él} \quad (I.11)$$

De la même manière, on trouve :

$$V_c(t) = N_s V_{él}(t) \quad (I.12)$$

$$i_{sc}(t) = N_p i_{él}(t) \quad (I.13)$$

L'énergie du pack de supercondensateurs E_{pack} est donnée par :

$$E_{pack}(t) = \frac{1}{2}C_{sc}V_c^2(t) = N_pN_s\left(\frac{1}{2}C_{él}V_{él}^2(t)\right) \qquad (I.14)$$

De même la puissance instantanée du pack $P_{pack}(t)$ s'écrit :

$$P_{pack}(t) = V_c(t)i_{sc}(t) - R_{sc}i_{sc}^2(t) = N_pN_s\left(V_{él}(t)i_{él}(t) - R_{él}i_{él}^2(t)\right) \qquad (I.15)$$

I.5 STRATEGIES DE CHARGE ET DE DÉCHARGE DES SUPERCA-PACITES

Pour la charge et la décharge d'un condensateur de stockage, deux stratégies différentes sont comparées, mettant en évidence leurs propriétés de point de vue énergétique. La première de ces méthodes, est celle du couplage direct à une source de tension. Le schéma correspondant est représenté à la figure (I.6.a). Elle est appelée *charge exponentielle* [1][10].

La deuxième méthode, appelée charge à courant constant fait appel à un circuit d'électronique de puissance. Le schéma correspondant est illustré à la figure (I.6.b).

Dans le cas de la première stratégie où il faut tenir compte de la présence d'une résistance interne du supercondensateur, on se retrouve dans le cas classique du rendement pauvre de 50%, indépendamment de la valeur de la résistance [10].

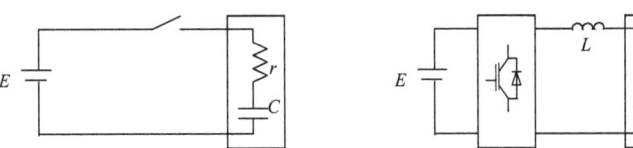

a) *Charge exponentielle* b) *Charge à courant constant*
Fig. I.6 Stratégies de charge des supercapacités

En revanche, pour le cas de la charge à courant constant, le rendement du transfert d'énergie peut prendre des valeurs proches de l'unité, à condition de maintenir le courant à une valeur faible. Une augmentation du courant de charge permet une diminution du temps de transfert, mais augmente les pertes dans la résistance interne, et affecte le rendement [10].

I.6 UTILISATION DU STOCKAGE SUPERCAPACITIF DANS LE DOMAINE DE TRANSPORT URBAIN COLLECTIF

La poursuite du développement du transport urbain collectif (constatée depuis une dizaine d'années dans un certain nombre de grandes villes européennes) appelle des solutions nouvelles répondant à plusieurs objectifs [12][21]:
- la réduction du coût des infrastructures ;
- une meilleure intégration dans l'environnement urbain ;
- une réduction de la pollution.

De nombreux projets de tramways, train–trams ou bus électriques sont en cours de développement ou de test. L'émergence des supercondensateurs permet d'envisager des solutions répondant à ces exigences.

On peut citer en particulier l'exemple d'un tramway sans caténaire [12][21]:
- fonctionnant entre deux stations sur l'énergie de supercondensateurs embarqués;
- renvoyant l'énergie du freinage dans les supercondensateurs;
- utilisant la période en station pour recharger les supercondensateurs (de l'ordre de 10s);
- dont les stations (connectées au réseau) intègrent des supercondensateurs pour fournir la puissance nécessaire pendant la charge.

Les exigences en terme de durée de charge, de puissance de charge, de récupération d'énergie, de nombre de cycles et de bon fonctionnement sur une gamme de température étendue, rendent le concept irréaliste avec des solutions traditionnelles de batteries.

Cette solution (envisageable sur des lignes ou des portions de lignes à fréquence d'arrêt élevée) présente les intérêts d'une bonne intégration dans le paysage urbain, de réduction du coût des infrastructures, de l'optimisation du rendement énergétique et de la réduction de la pollution. Les éléments de validation de l'adéquation de la technologie des supercondensateurs à ce concept de tramway concernent principalement [12][22]:

- l'analyse des modes de défaillance ;
- la caractérisation en vieillissement suivant un cycle typique ;
- la tension optimale des composants, compromis entre contraintes d'équilibrage des éléments unitaires et tension de la chaîne de traction (750 V).

I.6.1 Supercondensateurs pour l'alimentation de bus électriques par biberonnage

Une application particulièrement innovatrice du stockage supercapacitif est donnée par l'alimentation séquentielle d'un système tram-train ou d'un bus électrique. Ce type d'alimentation est basé sur le principe du double stockage, où des accumulateurs primaires reçoivent leur énergie à partir d'un réseau de distribution caractérisé par sa faible disponibilité en puissance. Ces accumulateurs primaires sont placés à certains arrêts «biberonneurs» du système de transport. Les accumulateurs supercapacitifs secondaires sont placés à bord des véhicules, et possèdent une capacité énergétique qui permet de rallier deux stations [23][24].

Par opposition à la recharge lente des accumulateurs fixes (primaires), qui a lieu lorsque les véhicules sont en route, le transfert d'énergie d'une station fixe à l'accumulateur mobile se fait rapidement durant l'arrêt des véhicules, c'est à dire avec une puissance élevée.

La figure suivante (I.7) présente les sous stations utilisées dans les arrêts pour assurer l'autonomie du bus. Ce bus doit s'arrêter périodiquement aux stations pour embarquer/débarquer les usagers. Les temps d'arrêts sont largement compatibles avec le temps nécessaire à la recharge des supercondensateurs embarqués à bord du véhicule (une dizaine de secondes), ce qui permet de dimensionner le banc de supercondensateurs pour assurer l'autonomie du véhicule entre deux stations d'arrêt [1][2][21].

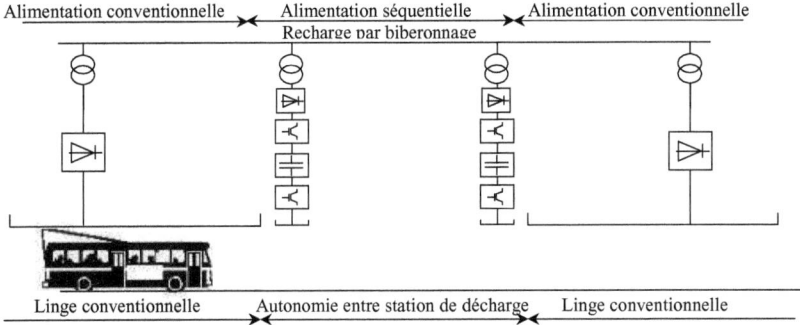

Fig. I.7 Autonomie réduite entre deux stations de recharge d'un bus

I.6.2 Compensation des chutes de tension d'un réseau de traction électrique à partir d'une sous-station à stockage

Dans des réseaux d'alimentation par caténaire à basse tension tels ceux qu'on trouve dans les transports urbains des trolley-bus ou trams, on rencontre bien souvent des points sensibles, où la résistance de la caténaire amène à une chute de tension problématique lorsque plusieurs véhicules démarrent ensemble [2][3][4]][25].

Ces points correspondent à des bouts de ligne ou à des tronçons périphériques ne possédant pas de sous-station propre. A titre d'exemple, à un endroit particulièrement sensible du réseau des Transports Lausannois (en Suisse Romande), la présence (non voulue) de trois bus à cet endroit peut provoquer un effondrement de la tension de 700 V à environ 170 V[2]. Dans un tel cas, les solutions pragmatiques des départs séquentiels ou à couple réduit peuvent être remplacées par un système d'alimentation d'appoint basé sur le stockage supercapacitif, qui ne nécessite pas d'autre ligne d'alimentation que la caténaire.

La figure (I.8) représente le schéma de principe d'un tel système, avec à droite la sous-station redresseuse, et en bout de ligne une sous-station à stockage[2].

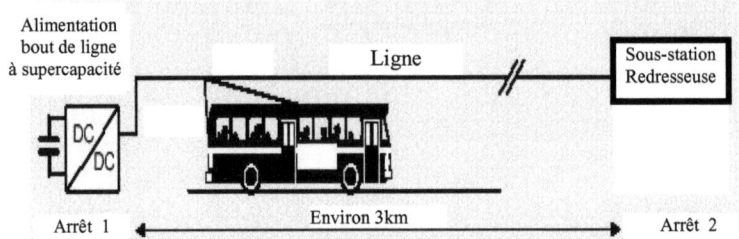

Fig. I.8 Sous-station à stockage en bout de ligne

I.7 CONCLUSION

L'apparition de nouveaux composants tels que les supercondensateurs permet d'envisager aujourd'hui de nouveau concepts pour l'alimentation de véhicule électriques, tel que l'alimentation par biberonnage qui sera présenté dans le dernier chapitre où on va dimensionner un pack de supercondensateurs et développer une stratégie de commande pour le charger et le décharger en utilisant des convertisseurs de l'électronique de puissance.

II.1 INTRODUCTION

Dans ce chapitre, on présentera le principe de fonctionnement des convertisseurs statiques AC-DC à commutation forcée monophasé et triphasé. Par la suite, on va présenter la modélisation et la commande de ces convertisseurs statiques en vue d'une régulation de la tension de sortie et d'une correction du facteur de puissance qui permet d'avoir un déphasage entre la tension et le courant d'une phase du réseau d'alimentation égal à l'unité pratiquement.

II.2 CONVERTISSEURS AC-DC A FACTEUR DE PUISSANCE UNITAIRE

. Ils sont des convertisseurs statiques de l'électronique de puissance à commutation forcée qui assurent la conversion alternative continue et vice versa (éventuellement). Alimentés par une source de tension alternative monophasée ou triphasée, ils permettent d'alimenter en courant continu sous tension réglable le récepteur branché à leur sortie, tout en assurant un facteur de puissance presque unitaire du coté alternatif [26][27].

II.2.1 Différents Types de redresseurs

Du point de vue de la commutation électrique, on trouve deux grandes catégories de convertisseurs AC-DC (redresseurs).

II.2.1.1 Redresseurs à commutation naturelle

Le fonctionnement des redresseurs en *commutation naturelle* est une conséquence de la nature alternative des tensions d'alimentation. Le courant dans chaque semi-conducteur s'annule de lui-même à la fin de l'intervalle de conduction, ou bien s'annule automatiquement du fait de l'entrée en conduction du semi-conducteur suivant. Il n'y a pas à commander l'ouverture des *interrupteurs*, qui sont réalisés à partir de diodes ou de thyristors [26][27].

Dans ce type de redresseurs (conventionnels) à commutation naturelle (voir figure II.1), on note une déformation de la forme de courant. Alors, le facteur de puissance du réseau d'alimentation se trouve variable et faible dans certaines cas en raison de la distorsion harmonique élevée de l'onde de courant.

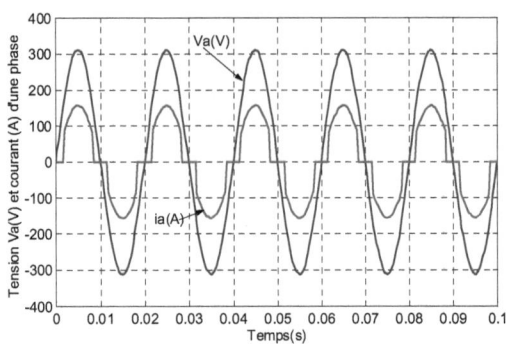

Fig. II.1 Formes de la tension et de courant de phase d'un réseau d'alimentation triphasé alimentant un pont redresseur double alternance à diodes (cas d'une charge résistive)

II.2.1.2 Redresseurs à commutation forcée

Ce type de convertisseurs statiques sont réalisés, en utilisant des transistors de puissance (bipolaires, MOSFET ou IGBT) pour des puissances allant jusqu'à une centaine de kW, avec des fréquences de découpage ou de commutation égales ou supérieures à 10kHz [27]. Pour des puissances de quelques centaines de kW ou plus, on utilise couramment des GTO mais à des fréquences de commutation assez basses (500Hz à 1000Hz) [27]. L'objectif principal de ces convertisseurs c'est de corriger le facteur de puissance du côté alternatif.

Dans cette section, on décrira le principe de fonctionnement des convertisseurs AC-DC à facteur de puissance unitaire (Unit power facter : UPF). L'étude d'une structure en pont complet monophasé ou triphasé, commandée par modulation de largeur d'impulsions (MLI), montre qu'il est possible de fonctionner dans les quatre quadrants du plan (U,I) si la technologie des interrupteurs à semi-conducteurs. l'autorise. Ce qui permet de fonctionner en redresseur ou en onduleur nonautonome à la fois.

Cette structure permet donc tous les types de transfert d'énergie possibles. Les modes de fonctionnement hacheur et onduleur sont les plus connus et en général bien traité dans la littérature du génie électrique. En revanche, le fonctionnement redresseur, absorbant un courant sinusoïdal, reste relativement peu traité [29].

L'intérêt connu du découpage est de réduire considérablement la taille des éléments de filtrage. On va montrer qu'en mode redresseur il est aussi possible de corriger de façon active le facteur de puissance, moyennant l'utilisation d'une loi de commande particulière.

II.2.2 Stratégie de contrôle du facteur de puissance unitaire

La compensation du facteur de puissance implique la capacité d'une charge à générer ou à absorber de la puissance réactive sans s'en approvisionner du réseau. La plupart des charges industrielles ont un facteur de puissance inductif (elles absorbent de l'énergie réactive) ainsi le courant tend à dépasser la valeur nécessaire à une absorption d'énergie active seule. On réalité, seule l'énergie active est utilisée dans la conversion de l'énergie, et un courant de charge excessif représente une perte pour le consommateur qui n'a pas seulement à payer le surdimensionnement du câblage mais aussi l'excès de pertes Joules produites dans les câbles. De plus, les convertisseurs AC-DC conventionnels absorbent des courants alternatifs très déformés par les harmoniques, ce qui implique une atténuation considérable du facteur de puissance [26][30].

Les entreprises d'électricité ont de bonnes raisons à ne pas transporter une énergie réactive inutile des alternateurs vers les charges, car leurs alternateurs et réseaux de
distribution ne peuvent pas être utilisés à plein rendement, et la régulation de la tension dans les différents points du réseau devient très compliquée [27][44].

La tarification adoptée par ces entreprises d'électricité pénalise presque toujours le facteur de puissance bas de ses clients. De ce fait, il y a eu un grand développement des systèmes de compensation et de correction du facteur de puissance pour les procédés industriels. On s'intéresse dans ce qui suit au convertisseur AC-DC à commutation forcée à absorption sinusoïdale appelé aussi à facteur de puissance unitaire [26].

II.2.3 Redresseur monophasé à facteur de puissance unitaire

Le redresseur monophasé à commutation forcée est constitué par quatre commutateurs à semi-conducteur commandable à l'ouverture et à la fermeture montés en tête-bêche avec des diodes de récupération, comme il est représenté par la figure (II.2)[30].

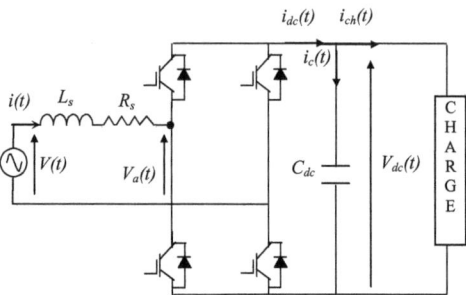

Fig. II.2. Circuit de puissance d'un redresseur monophasé à commutation forcée

Dans cette représentation L_s est l'inductance de fuite du transformateur reliant le système au réseau d'alimentation, R_s représente les pertes actives du transformateur et du redresseur.

Du côté de la partie continue C_{dc} représente la capacité du condensateur jouant le rôle d'accumulateur d'énergie. $V_a(t)$ et $V(t)$ sont les tensions fondamentales à l'entrée du convertisseur et celle du réseau respectivement [31].

II.2.3.1 Mise en équation du système

La tension du réseau est supposée identique à son fondamental, elle est donnée par :

$$V(t) = V\sqrt{2}\sin(\omega t) \tag{II.1}$$

D'autre part, si on considère le circuit représenté par la figure (II.2), l'équation de la tension d'alimentation peut être écrite sous la forme suivante :

Ou encore :
$$V(t) = V_a(t) + R_s i(t) + L_s \frac{di(t)}{dt} \tag{II.2}$$

Avec
$$L_s \frac{di(t)}{dt} = -R_s i(t) + \Delta V(t) \tag{II.3}$$

$$\Delta V(t) = (v(t) - V_a(t)) \tag{II.4}$$

II.2.3.2 Asservissement de la tension de sortie et du courant d'entrée

La stratégie de correction du facteur de puissance est schématisée par la figure (II.3) un convertisseur AC-DC monophasé :

Malgré le comportement fortement non linéaire de ce type de convertisseurs, on va montrer qu'il peut se comporter, vis à vis du réseau, quasiment comme une charge résistive (courant d'entrée $i(t)$ sinusoïdal et en phase avec la tension de réseau $V(t)$). Le facteur de puissance ($f_p = P/S$) est alors proche de l'unité et les amplitudes des courants harmoniques sont faibles et en accord avec ce que la norme autorise contrairement aux redresseurs classiques à capacité en tête ou à filtre LC [32].

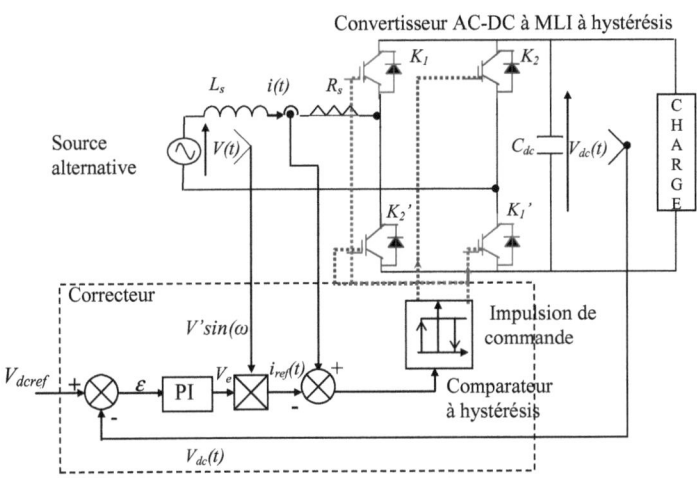

Fig. II.3 Redresseur monophasé à MLI et sa commande

La commande rapprochée d'un convertisseur de l'électronique de puissance est une séquence d'événements correspondant à des commandes de fermeture et d'ouverture des interrupteurs au sein du convertisseur. On distingue deux techniques de commande (l'une en tension et l'autre en courant) :

La première est la technique de modulation de largeur d'impulsions (MLI), elle consiste à adopter une fréquence de commutation supérieure à la fréquence des grandeurs de sortie, de telle sorte que chaque alternance de la tension de sortie soit formée d'une succession de créneaux de largeur variable. La plus courante c'est la modulation triangle-sinusoïdale, qui consiste à comparer une onde modulante (référence sinusoïdale et de basse fréquence) à une onde porteuse (de forme triangulaire et de fréquence élevée) [29].

La deuxième est basée sur le réglage de courant d'entrée par la MLI à hystérésis, c'est la technique utilisée dans ce travail. La boucle de réglage qui assure la commande de la tension de sortie du redresseur et la régulation de courant d'entrée fait généralement partie d'une structure de régulation en cascade. Le courant de référence appliquée à l'entrée du comparateur à hystérésis provient d'un régulateur principal qui assure le réglage de la tension de sortie V_{dc} [29].

Cette technique de commande est basée sur une comparaison du courant d'entrée $i(t)$ au courant de référence $i_{ref}(t)$. Celle-ci permet d'imposer une différence entre ces deux courants comprise dans une bande à hystérésis $\pm\Delta i$.
Les états des interrupteurs du montage de la figure (III.3) sont déterminés ainsi :
Si $i_{ref}(t)-i(t) \geq +\Delta i$ les interrupteurs K_1 et K_1' sont fermés et les interrupteurs K_2 et K_2' sont ouverts.
Si $i_{ref}(t)-i(t) \leq -\Delta i$ les interrupteurs K_1 et K_1' sont ouverts et les interrupteurs K_2 et K_2' sont fermés.

Le nombre d'applications du redresseur à modulation de largeur d'impulsions, dans le domaine des petites puissances, reste encore limité à ce jour [30]. Pour les fortes puissances, on notera que ce convertisseur est utilisé en traction ferroviaire, sous 50 Hz, où la minimisation des perturbations générées par la caténaire sur l'environnement (signalisations, communications,...etc.) est particulièrement recherchée.

Nous allons montrer, ici, qu'il est possible par l'utilisation de la technique de commande par MLI à hystérésis comme une commande appropriée, d'obtenir un courant $i(t)$, prélevé au réseau, sinusoïdal et en phase avec la tension du réseau $V(t)$. Pour cela, on se placera dans le cadre des hypothèses de fonctionnement suivantes :

- La tension de sortie est supposée constante et déjà régulée à sa référence
  $V_{dc}(t)=V_{dcref}$;

- La période de découpage est très petite devant la période du réseau ($T_d \ll 1/f$). Par conséquent, les variations basses fréquences, à 50 ou 100 Hz, sont négligeables sur une période de découpage.

II.2.3.3 Synthèse d'un correcteur PI

La boucle de régulation de la tension du bus continu est nécessaire pour limiter $V_{dc}(t)$, à cause du caractère élévateur du montage [32]. En outre, réguler $V_{dc}(t)$ revient à régler la puissance fournie à la charge. Si l'on veut un réglage linéaire, il faut réguler $V^2_{dc}(t)$ puisque la puissance moyenne du côté continu est donnée par :

$$P_c(t) = \frac{V^2_{dc}(t)}{R_{ch}}$$

(II.5)

D'autre part, la référence du courant $i_{ref}(t)$, est fournie par un multiplicateur, est s'exprime par :

$$i_{ref}(t) = V_e V\,\hat{}\,\sin(\omega t)$$

(II.6)

L'amplitude de courant $i(t)$ est imposée par la sortie du régulateur de tension pour adapter la puissance absorbée par le redresseur à la puissance dissipée dans la charge. La limitation de V_e fixe la valeur maximale du courant alternatif.

La fonction de transfert du régulateur PI (Proportionnel et Intégral) est donnée par :

$$F_{PI}(p) = K_p + \frac{K_i}{p} = K_f\left(1+\frac{1}{Tp}\right)$$

(II.7)

De plus, la fonction de transfert en boucle ouverte du régulateur PI associée à la fonction de transfert du côté continu est :

$$\left[F_{PI} F_{dc}\right]_{Bo} = K_f\left(1+\frac{1}{Tp}\right)\left(\frac{1}{C_{dc} p}\right)$$

(II.8)

En prenant $T = C_{dc}$, cette fonction de transfère en boucle ouverte se simplifie et se réduit alors à :

$$\left[F_{PI}F_{dc}\right]_{Bo} = K_f\left(\frac{1+Tp}{T^2p^2}\right) \quad (II.9)$$

D'où la fonction de transfert en boucle fermée :

$$\left[F_{PI}F_{dc}\right]_{BF} = \frac{1+Tp}{1+Tp+\dfrac{T^2}{K_f}p^2} \quad (II.10)$$

Pour une première estimation des paramètres du correcteur, on choisit K_f pour que le système se comporte comme un système du premier ordre. Il suffit donc que $T >> T^2/K_f$; ce qui est facilement obtenu avec un choix convenable du facteur K_f du correcteur. Les paramètres du correcteur PI sont définis comme suit [32]:

$$K_p = K_f \quad ; \quad K_i = \frac{K_f}{C_{dc}} \quad (II.11)$$

II.2.3.4 Résultats de simulation

On présente ici quelques résultats obtenus par des simulations numériques concernant l'analyse des performances de ce type de commande d'un convertisseur AC-DC à UPF.

Le redresseur monophasé à UPF simulé est alimenté par un réseau d'alimentation qui possède les caractéristiques suivantes : V=415V ; f=50Hz ; Rs =0.1Ω ; Ls =0.03H.
On a choisi un pas de calcul h=0.0005s ; et une bande d'hystérésis Δi=0.001A. Du Côté continu on a pris C_{dc}=3300μF ; R_{ch} =85Ω ; et $V_{dcréf}$=850V.

Pour les gains du régulateur on a choisi un gain K_f ensuite on a calculé K_i et on a ajusté les deux gains pour avoir de bons résultats. On est mené finalement à choisir Ki =27; et Kp=0.071.

Les figures (II.4.a et II.4.b) montrent l'allure de la tension $V_{dc}(t)$ ainsi que le courant et la tension de la source $i(t)$ et $V(t)$. Et la figure (II.4.c) illustre le courant $i(t)$ et sa référence $i_{ref}(t)$. On note que la tension du côté continu $V_{dc}(t)$ suit sa référence V_{dcref} lors d'un changement de la charge (R_{ch}=0Ω pendant la durée t=0s à t=0.3s; R_{ch}

=85Ω de t=0.3s à t=0.6s, et R_{ch}=42.5Ω de t=0.6s à t=1s). On remarque donc, que le régulateur intervient rapidement pour rétablir la tension à sa référence après une petite déviation.

D'après la figure (II.4.c), on note que les formes d'ondes des courants $i(t)$ et $i_{ref}(t)$ varient selon la charge, mais le courant $i(t)$ suit sa référence à quelques oscillations prés, comme le montre plus clairement le zoom de cette allure représenté dans la figure (II.4.d).

D'autre part, la figure (II.4.d) montre la grande sensibilité et la performance dynamique élevée de la boucle de réglage du courant.

Enfin, la figure (II.4.b) représente l'allure de la tension du réseau $V(t)$ et celle du courant $i(t)$ de la source qui sont pratiquement en phase et le facteur de puissance $\cos\varphi$ frôle l'unité.

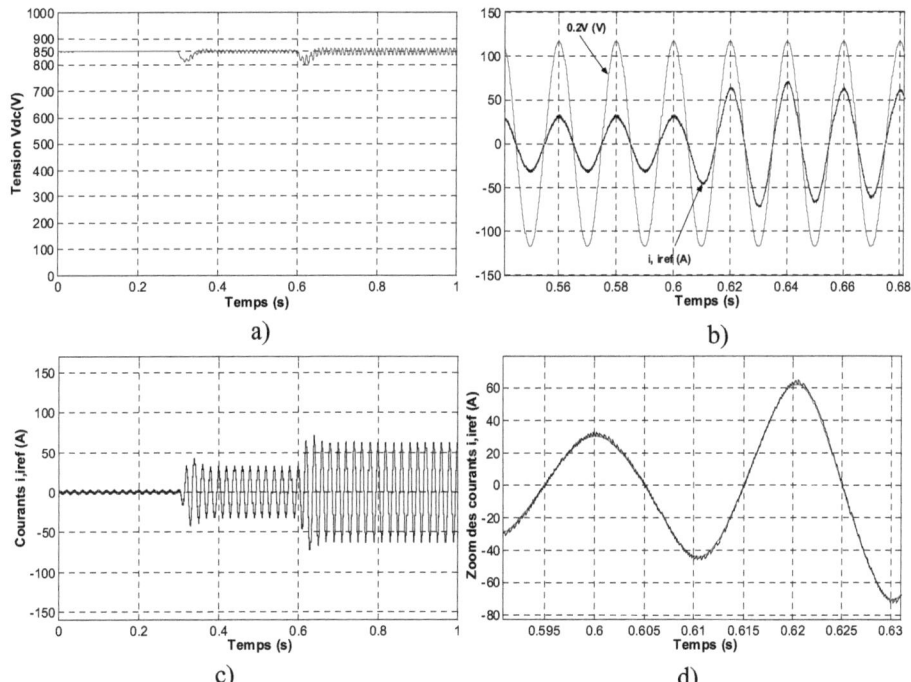

Fig. II.4 Résultats de simulation d'un redresseur monophasé à UPF alimentant une charge résistive variable

II.2.4 Redresseur triphasé à facteur de puissance unitaire

Le schéma de la figure (II.5) représente st un convertisseur statique AC-DC à MLI (redresseur triphasé à Modulation de Largeur d'Impulsions). Son circuit principal est similaire à celui d'un onduleur à source de tension relié au réseau électrique par l'intermédiaire d'une impédance réactance relativement faible (qui est habituellement constituée par une inductance de fuite L_s et une résistance par phase du transformateur de couplage). La partie continue est connectée à un condensateur jouant le rôle d'accumulateur d'énergie, monté en parallèle avec la charge [35][36].

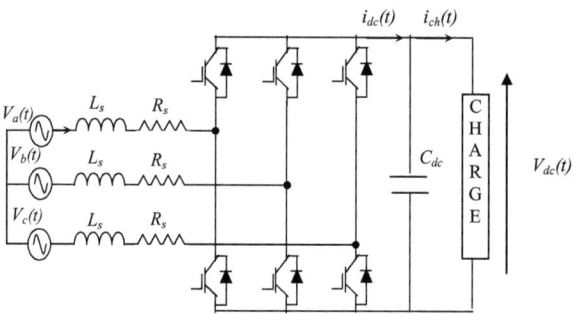

Fig. II.5 Circuit de puissance du convertisseur AC-DC à MLI

Le redresseur, qui est la pièce maîtresse du système, est constitué de six commutateurs à semi-conducteurs commandables à l'ouverture et à la fermeture. Chaque commutateur est shunté par une diode branchée en antiparallèle pour la récupération [37].

La figure (II.6) représente le schéma équivalent du circuit de puissance du convertisseur AC-DC à MLI. Dans cette représentation L_s est l'inductance de fuite par phase du transformateur reliant le système au réseau d'alimentation, R_s représente les pertes actives du transformateur et du redresseur comme on l'à déjà mentionné. Dans la partie continue, C_{dc} représente la capacité du condensateur jouant le rôle d'accumulateur d'énergie. $V_{2a}(t)$ et $V_a(t)$ sont les fondamentales des tensions d'entrée du convertisseur et celle de la phase du réseau d'alimentation respectivement [37][38].

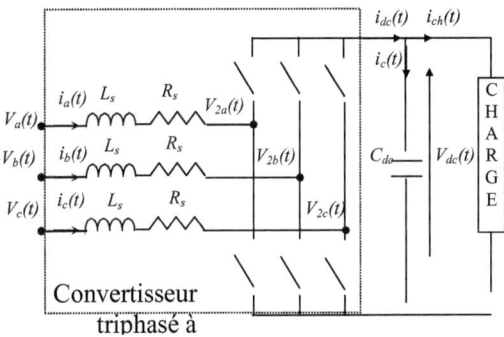

Fig. II.6 Schéma équivalent du circuit de puissance d'un convertisseur triphasé AC-DC à MLI

II.2.4.1 Mise en équation du système

Les tensions du réseau sont données par l'équation suivante [37][38]:

$$V_a(t) = V\sqrt{2}\sin(\omega t)$$
$$V_b(t) = V\sqrt{2}\sin(\omega t - \frac{2\pi}{3})$$
$$V_c(t) = V\sqrt{2}\sin(\omega t - \frac{4\pi}{3})$$
(II.12)

L'équation de tension de la phase (*a*) du circuit montré dans la figure (II.6) peut être écrite sous la forme :

Ou encore :
$$V_a(t) = V_{2a}(t) + R_s i_a(t) + L_s \frac{d i_a(t)}{dt}$$
(II.13)

avec :
$$L_s \frac{d i_a(t)}{dt} = -R_s i_a(t) + (\Delta V(t))_a$$
(II.14)

$$(\Delta V(t))_a = V_a(t) - V_{2a}(t)$$
(II.15)

L'ensemble complet des équations de tension des phases *a*, *b* et *c* peut être mis sous la forme compacte suivante :

$$L_s \frac{d(i(t))_{abc}}{dt} = -R_s (i(t))_{abc} + (\Delta V(t))_{abc}$$
(II.16)

Cette équation peut être réécrite dans le repère (α,β), on obtient l'équation qui suit :

$$L_s \frac{d(i(t))_{\alpha\beta}}{dt} = -R_s (i(t))_{\alpha\beta} + (\Delta V(t))_{\alpha\beta}$$
(II.17)

Ensuite, et en utilisant la transformation $\alpha\beta$-dq, on obtient le modèle du convertisseur et de son alimentation dans le repère (d,q) on peut écrire:

$$[K][i(t)]_{\alpha\beta} = [i(t)]_{dq} \tag{II.18}$$

$$[i(t)]_{\alpha\beta} = [K]^{-1}[i(t)]_{dq} \tag{II.19}$$

$$\frac{d[i(t)]_{\alpha\beta}}{dt} = \left\{\frac{d[K]^{-1}}{dt}\right\}[i(t)]_{dq} + [K]^{-1}\frac{d[i(t)]_{dq}}{dt} \tag{II.20}$$

Telles que :

$$[K]^{-1} = \begin{bmatrix} \cos(\omega t) & \sin(\omega t) \\ -\sin(\omega t) & \cos(\omega t) \end{bmatrix} \tag{II.21}$$

Et

$$\frac{d[K]^{-1}}{dt} = \omega\begin{bmatrix} -\sin(\omega t) & \cos(\omega t) \\ -\cos(\omega t) & -\sin(\omega t) \end{bmatrix} \tag{II.22}$$

C'est à dire :

$$K\frac{d[K]^{-1}}{dt} = \omega\begin{bmatrix} \cos(\omega t) & \sin(\omega t) \\ -\sin(\omega t) & \cos(\omega t) \end{bmatrix}\begin{bmatrix} -\sin(\omega t) & \cos(\omega t) \\ -\cos(\omega t) & -\sin(\omega t) \end{bmatrix}$$

$$= \omega\begin{bmatrix} 0 & 1 \\ -1 & 0 \end{bmatrix} \tag{II.23}$$

Alors l'équation (II.16) peut être réécrite dans le repère (d,q) en partant de la forme (II.17), on a alors la forme suivante [37]:

$$L_s[K]\frac{d[i(t)]_{\alpha\beta}}{dt} = -R_s[K][i(t)]_{\alpha\beta} + [K][\Delta V(t)]_{\alpha\beta} \tag{II.24}$$

Ou encore :

$$L_s\frac{d[i(t)]_{dq}}{dt} = -R_s[i(t)]_{dq} + [\Delta V(t)]_{dq} - \begin{bmatrix} 0 & \omega L_s \\ -\omega L_s & 0 \end{bmatrix}\begin{bmatrix} i_d(t) \\ i_q(t) \end{bmatrix} \tag{II.25}$$

D'où le schéma équivalent simplifié du système modélisé dans le repère (d,q) :

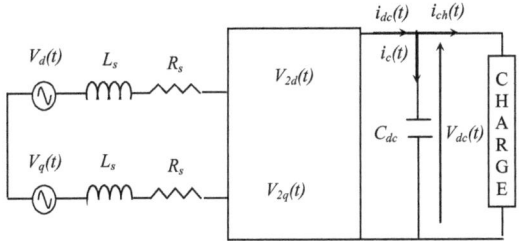

Fig. II.7 Schéma de puissance équivalent d'un convertisseur AC-DC à MLI modélisé dans le repère (d,q)

L'ensemble des équations de tension modélisant le système peut être écrit dans le repère (d,q) de la façon suivante :

$$L_s \frac{di_d(t)}{dt} = -R_s i_d(t) - \omega L_s i_q(t) + V_d(t) - V_{2d}(t) \tag{II.26}$$

$$L_s \frac{di_q(t)}{dt} = -R_s i_q(t) + \omega L_s i_d(t) + V_q(t) - V_{2q}(t) \tag{II.27}$$

II.2.4.2 Asservissement de la tension de sortie et du courant d'entrée

On définit deux quantités $u_d(t)$ et $u_q(t)$ telles que [37]:

$$u_d(t) = V_d(t) - V_{2d}(t) - \omega L_s i_q(t) \tag{II.28}$$

$$u_q(t) = V_q(t) - V_{2q}(t) + \omega L_s i_d(t) \tag{II.29}$$

Alors le schéma bloc équivalent des composantes des courants selon l'axe d et l'axe q peuvent être représentées par la figure suivante [37]:

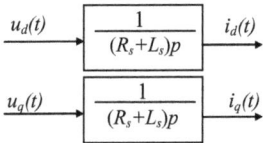

Fig. II.8 Schéma bloc des composantes des courants selon l'axe d et l'axe

Avec une telle simplification des équations de tension du système un contrôleur PI simple comme il est montré dans la figure (II.9), s'avère adéquat et permet d'obtenir une réponse satisfaisante de la commande sur l'axe d et sur l'axe q. Le contrôleur PI est conçu avec une constante de temps *(Ls/Rs)* et un gain K_i calculé pour équilibrer la conversion de puissance entre les deux étages alternatif et continu [32][40].

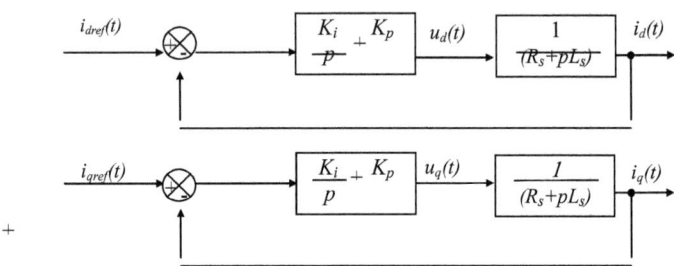

Fig. II.9 Réglage des courants d'entrée $i(t)_d$ et $i(t)_q$ par un PI

On peut établir l'équation de commande de $V_{2d}(t)$ et $V_{2q}(t)$ [37]:

$$V_{2d}(t) = -\left(\omega L_s i_q(t) - V_d(t)\right) - \left\{K_p \left[i_{dref} - i_d\right] + K_i \int \left[i_{dref} - i_d\right] dt\right\} \quad (II.30)$$

$$V_{2q}(t) = -\left(-\omega L_s i_d(t) - V_q(t)\right) - \left\{K_p \left[i_{qref} - i_q\right] + K_i \int \left[i_{qref} - i_q\right] dt\right\} \quad (II.31)$$

On peut commander le redresseur par les deux tensions $V_{2d}(t)$ et $V_{2q}(t)$ en utilisant la MLI de tension (voir figure II.10) qui consiste d'abord à normaliser les deux composantes du vecteure des tension d'entrée de redresseur $V_{2d}(t)$ et $V_{2q}(t)$ à la tension de sortie aux bornes du condensateur $V_{dc}(t)$ [37]:

$$V_{2dref}(t) = \frac{V_{2d}(t)}{V_{dc}} \quad (II.32)$$

$$V_{2qref}(t) = \frac{V_{2q}(t)}{V_{dc}} \quad (II.33)$$

Puis on transforme ce vecteur de tensions normalisées en un système de tension triphasé par la transformation de Park inverse [37].

$$V_{2abcref}(t) = [K]^{-1} V_{2dqref}(t) \qquad (\text{II}.34)$$

Les références obtenues sont comparées à un signal triangulaire $V_1(t)$ d'amplitude égale à un, dans le but de déteminer les états des intérrupteurs du redresseur triphasé. Ainsi les états des interrupteurs sont déterminés par les régles suivantes [41]:

Si $V_{2aref}(t) \geq V_1(t)$ alors $S_a=1$, sinon $S_a=0$;
Si $V_{2bref}(t)(t) \geq V_1(t)$ alors $S_b=1$, sinon $S_b=0$;
Si $V_{2cref}(t) \geq V_1(t)$ alors $S_c=1$, sinon $S_c=0$.

Où S_a, S_b et S_c désignent les états des interrupteurs en haut des bras a,b et c du convertisseur respectivement. Il est à noter que les états des interrupteurs d'un même bras sont complémentaires.

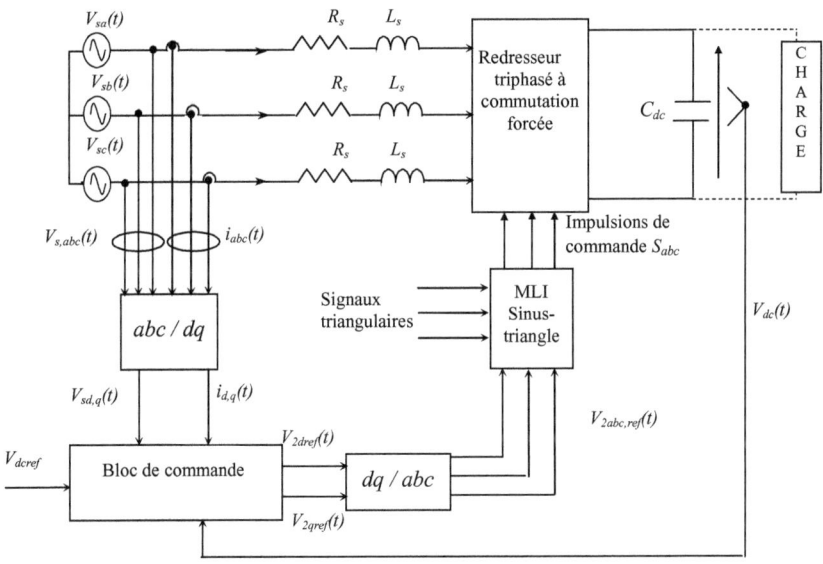

Fig. II.10 Schéma d'un redresseur triphasé à UPF commandé en tension par une MLI sinus-triangle

Dans ce travail, on a utilisé la commande par MLI à hystérésis (voir figure.II.11) qu'on a présenté dans la partie du redresseur monophasé.

La commande du convertisseur est réalisée en choisissant convenablement les deux courants de référence pour l'axe q et l'axe d tels que [35]:
- Pour un fonctionnement à facteur de puissance unitaire, la référence de la composante du courant sur l'axe q est choisie égale à zéro ;
- La composante du courant sur l'axe d dépend de la différence entre la tension de référence et celle réélle de l'étage continu à la sortie du redresseur, et l'appel de puissance par la charge. Un régulateur de type PI ayant pour entrée l'erreur de tension de l'étage continu par apport à sa référence peut répondre à cette exigence.

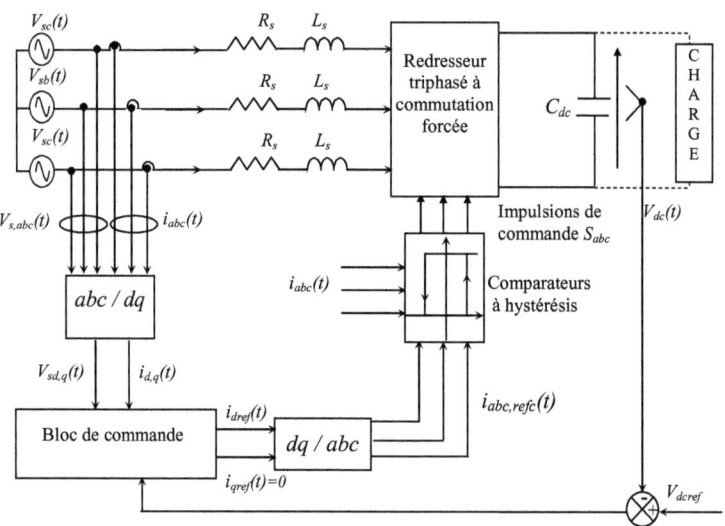

Fig. II.11 Schéma d'un redresseur triphasé à UPF commandé en courant par une MLI à hystéresis

Pour le régulateur PI de la tension continue à la sortie du redresseur triphasé, on le dimensionne d'un façon similaire à celle présentée dans le cas du montage monophasé.

II.2.4.3 Résultats de simulation

Les résultats de simulation obtenus pour un redresseur triphasé à MLI commandé pour avoir un facteur de puissance unitaire sont presque les mêmes que ceux d'un redresseur monophasé à MLI.

Les paramètres du réseau d'alimentation du convertisseur sont : V=220V ; f=50Hz ; Rs=0.3Ω ; Ls=0.014H. Du Côté continu on a : C_{dc}=2000µF ; R_{ch} =85 Ω; V_{dcref}=850V. D'autre part on a choisi un pas de calcul h=0.00005s; et une bande d'hystérésis Δi=0.01A.

Pour le régulateur de la tension continue $V_{dc}(t)$ les gains Ki et Kp ont été ajustés pour avoir de bons résultats, on est mené à choisir Ki =30 ; et Kp =0.4. Les courants d'entrée du convertisseur ont été commandés par une MLI à hystérésis similaire à celle exposée dans le cas du convertisseur monophasé.

Les figures (II.12.a et b) montrent l'allure de la tension $V_{dc}(t)$ ainsi que le courant et la tension de la phase (a) de la source $i_a(t)$ et $v_a(t)$. D'autre part la figure (II.12.c) illustre le courant $i_a(t)$ et sa référence $i_{aref}(t)$.

On note que la tension du côté continu $V_{dc}(t)$ suit sa référence V_{dcref} lors d'un changement de la charge (R_{ch}=0Ω pendant la durée t=0s à t=0.3s, R_{ch} =75Ω de t=0.3s à t=0.6s, et R_{ch} =37.5Ω de t=0.6s à t=1s). On remarque donc, que le régulateur intervient rapidement pour rétablir la tension à sa référence lors d'une petite déviation due à une variation de la charge.

D'après la figure (II.12.c), on note que les formes d'ondes des courants $i_a(t)$ et $i_{aref}(t)$ varient selon la charge, mais le courant $i_a(t)$ suit sa référence à quelques oscillations prés, comme le montre plus clairement le zoom de cette allure représentée dans la figure (II.12.d). Par ailleurs, la figure (II.12.d) montre la grande sensibilité et la performance dynamique élevée de la boucle de réglage des courants.

Enfin la figure (II.12.b) représente l'allure de la tension et du courant de la phase (a) du réseau qui sont pratiquement en phase et le facteur de puissance $cos\varphi$ est quasiment égal à l'unité.

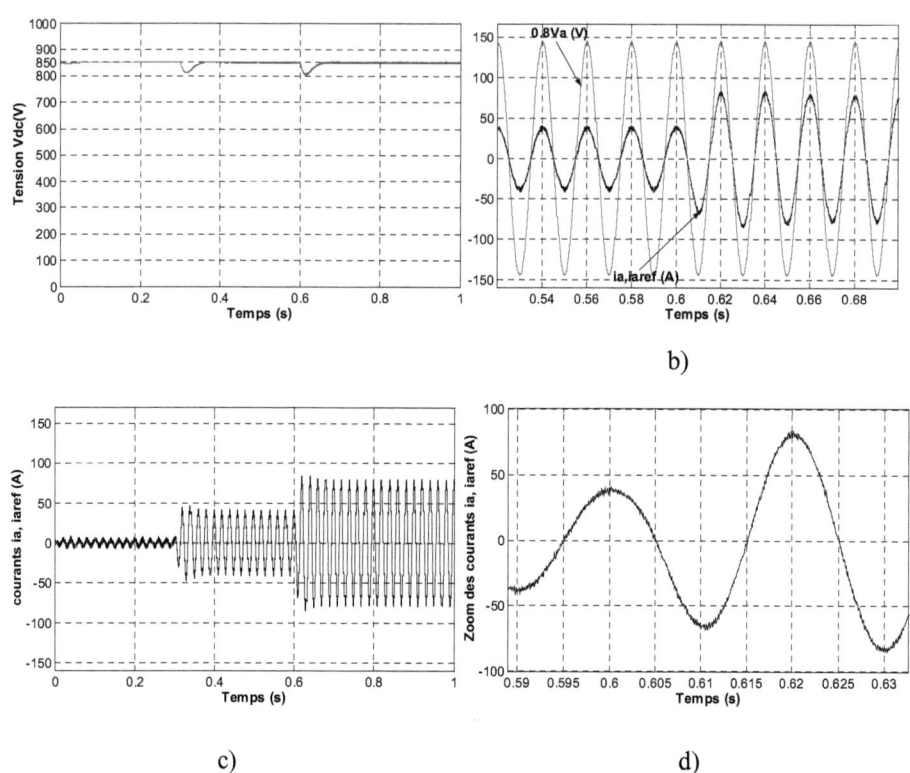

Fig. II.12 Résultats de simulation d'un redresseur triphasé à UPF alimentant une charge résistive variable

II.3 CONCLUSION

Dans ce chapitre, on a présenté une approche concernant la commande des convertisseurs AC-DC à MLI (redresseurs monophasés et triphasés à commutation forcée) permettant d'avoir un facteur de puissance proche de l'unité. La stratégie de commande utilisée est basée sur un réglage par PI de la tension de l'étage continu et une commande à MLI à hystérésis pour contrôler la phase et l'amplitude des courants du réseau d'alimentation. Les résultats de simulation montrent que cette stratégie de contrôle donne de bonnes performances dynamiques et statiques, en terme de réglage de la tension de l'étage continu et de correction du facteur de puissance.

III.1 INTRODUCTION

Les hacheurs sont des convertisseurs statiques continu-continu permettant de délivrer une tension continue variable à partir d'une source de tension continue constante.

Avec une tension alternative, un simple transformateur permet de changer la tension d'un niveau à un autre niveau. Mais dans le cas d'une tension continue, on doit avoir recours à une approche bien différente, en utilisant un hacheur [29].

Dans certaines applications industrielles, on doit transformer une tension continue quelconque en une tension continue supérieure ou inférieure. Par exemple, sur un réseau de distribution ferroviaire à courant continu, une caténaire à 4000V alimente les moteurs de traction à 300 V à l'intérieur des trains. Dans d'autres applications, un accumulateur à 12V doit alimenter un instrument à courant continu fonctionnant à une tension de 120V,….etc.

Les hacheurs sont utilisés dans les locomotives, les métros et les autobus électriques, et plus généralement partout où l'on a besoin d'un convertisseur de puissance continu-continue [42].

Dans ce chapitre, on présentera deux types de convertisseurs statiques continu-continu ; à savoir un hacheur série (qui est un abaisseur de tension) qu'on utilisera pour charger un pack de supercondensateurs et un hacheur série/parallèle (qui est un hacheur à stockage inductif jouant le rôle d'un dévolteur-survolteur) à utilisée pour décharger le pack de supercondensateurs.

III.2 CONVERTISSEURS STATIQUES DC-DC

Comme on l'a mentionné dans l'introduction, les hacheurs sont des convertisseurs statiques qui sont alimentés par des sources de tension continue et produisent aux bornes d'une charge une tension de valeur moyenne réglable [26].

On se contentera ici d'indiquer deux types de montages hacheurs utilisés dans plusieurs applications, à savoir les hacheurs série qu'on utilisera ultérieurement pour charger un pack de supercondensateurs et les hacheurs à stockage inductif pour les décharger. Ces montages sont à base d'interrupteurs unidirectionnels (ou bidirectionnels pour les montages réversibles en courant) statiques et contrôlables [29][42].

III.2.1 Hacheurs série

Le schéma de ce converisseur statique qui est un abaisseur de tension est donné par la figure (III.1) [29][42].

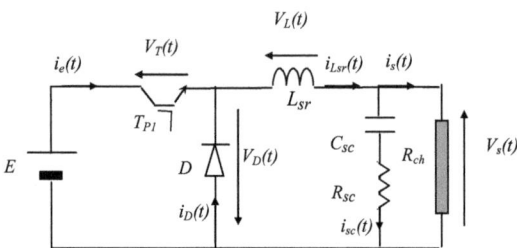

Fig. III.1 Schéma de principe d'un hacheur série.

Où T_{p1} est un interrupteur contrôlable (un transistor ou un thyristor GTO); D est une diode de roue libre assurant la continuité du courant dans la charge; E est la tension d'entrée ; R_{ch} est une charge et C_{sc} et R_{sc} sont la capacité et la résistance d'un pack de supercapacités

Ce type de convertisseurs abaisseurs est parmi les convertisseurs statiques DC-DC le plus courants [42]. L'équation d'état régissant son fonctionnement est linéaire (en régime de fonctionnement continu). Par conséquent, la synthèse d'une loi de commande est plus simple que dans le cas d'un système non linéaire. Dans notre application, il sera utile pour charger un pack de supercondensateurs à un niveau de tension continue à courant constant.

Le hacheur série présente deux modes de fonctionnement de topologies differentes, illustrées par les figures (III.2.a) et (III.2.b) [29].

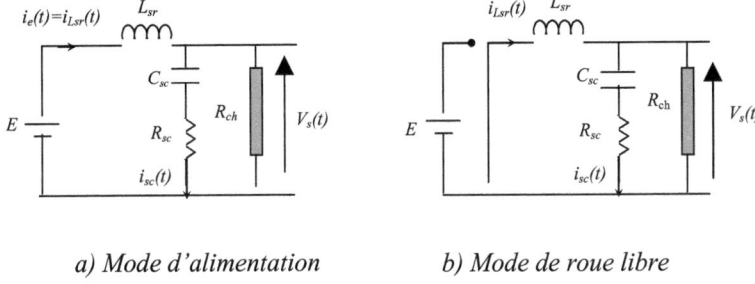

a) Mode d'alimentation   *b) Mode de roue libre*

Fig. III.2 Séquences de fonctionnement d'un hacheur série

Pour le mode d'alimentation (voir figure III.2.a), l'interrupteur T_{P1} est fermé pendant une fraction de temps αT de la période de découpage T, la source primaire fournit l'énergie à la charge R_{ch}, et au pack de supercondensateurs. La diode D est bloquée pendant ce temps, alors on peut écrire :

$$E = L_{sr}\frac{di_{Lsr}(t)}{dt} + V_s(t) \tag{III.1}$$

Pour le mode de roue libre (voir figure III.2.b), se déroulant pendant la fraction $T-\alpha T$, suite au blocage de T_{p1}, la diode de roue libre D assure la continuité du courant dans la charge. Dans ces conditions on peut écrire que :

$$0 = L_{sr}\frac{di_{Lsr}(t)}{dt} + V_s(t) \tag{III.2}$$

Les formes d'ondes en conduction continue pendant une periode de hachage T, sont représentées par la figure (III.3). Pour un rapport cyclique α donné, et en régime de conduction continue la tension moyenne à la sortie est donnée par:

$$V_s = \alpha E \tag{III.3}$$

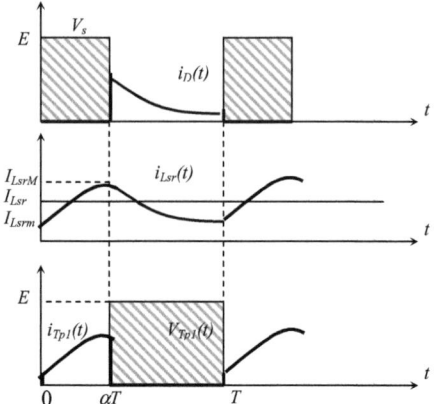

Fig. III.3 Formes d'ondes d'un hacheur série en régime de conduction

De façon générale, un hacheur série peut être commandé en tension ou en courant. On revient ultérieurement sur ce point avec plus de détails.

III.2.2 Hacheur à stockage inductif

On s'intéresse dans cette section à une structure particulière de convertisseurs DC-DC : celle du hacheur à stockage inductif. Elle représente un exemple intéressant d'utilisation d'une inductance en tant qu'élément de stockage d'énergie. Dans le présent travail on utilisera ce type de hacheurs pour une décharge d'un pack de supercondensateurs à courant constant dans une charge (un moteur à courant continu entraînant la roue d'un vehicule électrique dans notre cas). La figure (III.4), illustre le schéma de ce hacheur à stockage inductif [33]

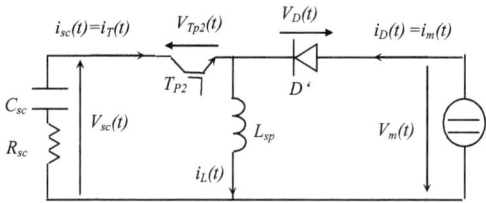

Fig. III.4 Schéma de principe d'un hacheur à stockage inductif

Où T_{p2} est un interrupteur contrôlable; D' est une diode permettant la transfert d'énergie de l'inductance Lsp vers la source de tension V_m à la sortie.

Lorsque un hacheur est monté entre un générateur de tension et un récepteur de tension, l'élément de stockage doit être une inductance. Celle-ci joue le rôle d'une source de courant reliée à l'entrée (phase de charge) ou à la sortie (phase de décharge).

Comme ce hacheur, comprend deux interrupteurs, dont l'un est commandé à l'amorçage et au blocage et l'autre est une diode, il présente deux cycles de fonctionnement illustrés par les figures suivantes[29][41]. :

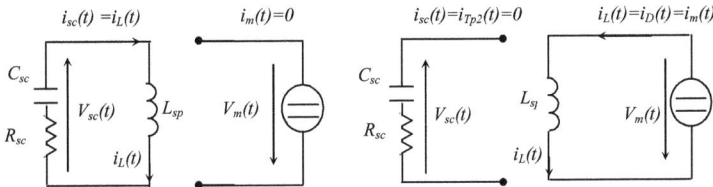

a) Mode de charge de la bobine   b) Mode de décharge de la bobine

Fig. III.5 Séquences de fonctionnement d'un hacheur à stockage inductif

Lors de la première partie du cycle de fonctionnement du hacheur, schématisée par la figure (III.5.a), l'interrupteur T_{p2} est fermé pendant un temps $\alpha T'$, et l'énergie est stockée dans L_{sp}. Et puisque la tension de sortie est négative par rapport au point commun, la diode D' est alors bloquée. Le blocage de T_{p2} entraîne la décharge de l'inductance dans le récepteur. Cette décharge peut etre totale ou partielle [29].

Lors de la seconde partie du cycle de fonctionement (voir figure (III.5.b)) qui se déroule de $\alpha T'$ à T', on ouvre l'interrupteur commandé T_{p2} et la diode D' devient passante. L'inductance restitue totalement on partiellement son énergie à la charge comme l'a mentionné précedement

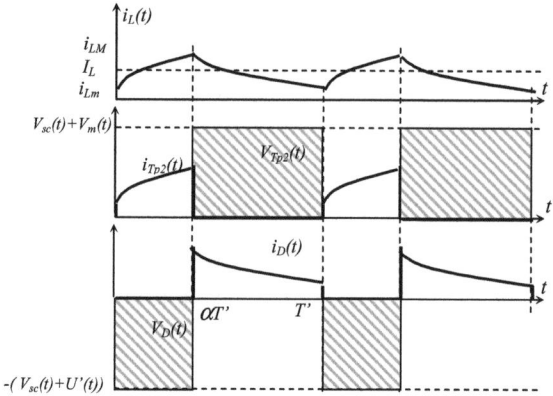

Fig. III.6 Formes d'onde d'un hacheur à stockage inductif en régime de conduction continue

La figure (III.6) représente les formes d'ondes en conduction continue pendant une periode T'. La tension de sortie est ajustée en agissant sur le rapport cyclique α. En régime de conduction continue, la tension moyenne aux bornes de L_{sp} est nulle(en régime établi), ce qui implique une tension moyenne à la sortie donnée par [42]

$$U'(t) = \frac{\alpha}{(1-\alpha)} V_{sc}(t) \qquad (III.4)$$

La tension de sortie est négative par rapport à la référence de la source d'entrée. Sa valeur moyenne peut être supérieure ou inférieure à celle de la tension d'entrée selon que le rapport cyclique est superieur ou inférieur à 0.5 [42].

Tout comme le hacheur série, un hacheur à stockage inductif peut être commandé en tension ou en courant.

III.3 COMMANDE DES HACHEURS

Dans les hacheurs, la tension (ou le courant) de sortie doit en règle générale être régulée pour être constamment égale à une valeur fixée, compte tenu du fait que la tension d'alimentation et les caractéristiques de la charge peuvent varier. Parmi les régulateurs les plus utilisés pour cette fin, on distingue le régulateur PI qui est basé sur l'étude des systèmes asservis linéaires à partir d'une fonction de transfert équivalente. De cette façon la liaison entre l'entrée et la sortie du système peut être modifiée par l'adjonction d'un correcteur qui est généralement calculé selon certains critères définissant le type de réponse désiré pour le système en boucle fermée (stabilité, temps de réponse, critères optimaux....). Pour ce régulateur, on distingue aussi deux types des stratégies de commande [26][41][43]

- Celle à fréquence fixe, connue sous le vocable de commande par Modulation de Largeur d'Impulsions (MLI). Le rapport cyclique du signal de commande peut être déterminé de différentes façons. Cette stratégie est une régulation de la tension de sortie pour une commande directe en tension.
- Celle à fréquence et rapport cyclique libres. Connue sous le vocable de commande par *hystérésis* ou par fourchette de courant. Cette stratégie est une régulation de la tension de sortie commandée en courant.

Un deuxième type de régulateurs utilisé pour la commande en tension (ou en courant) d'un hacheur au quel on s'intéresse aussi dans ce travail, est basé sur la logique floue, il sera présenté au chapitre suivant.

III.3.1 Commande d'un hacheur série

On à noté précédemment, qu'un hacheur série peut être commandé en tension ou en courant. On présente dans ce qui suit la stratégie de commande en courant qu'on à utilisé dans ce travail.

Dans ce cas, la stratégie de commande utilisée est celle à fréquence et rapport cyclique libres ou encore la commande par hystérésis ou par fourchette de courant. L'avantage de cette stratégie c'est qu'elle ne nécessite pas le calcul d'un correcteur, tâche rendue difficile par le modèle non linéaire du convertisseur. Néanmoins, il convient d'exprimer la fréquence de découpage afin d'établir un dimensionnement de l'inductance L compatible avec l'aptitude technique dans la commande des interrupteurs [41][43].

La figure (III.7) illustre le principe du contrôle en courant d'un hacheur série.

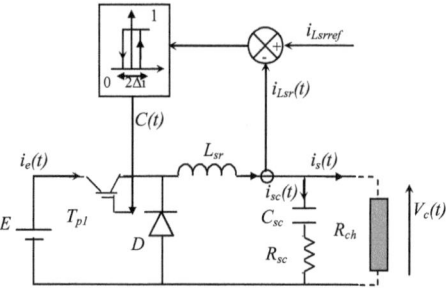

Fig. III.7 Schéma de commande en courant d'un hacheur série

$C(t)$ est la commande de l'interrupteur contrôlable T_{p1} on peut écrire :

Si $i_{Lsrref} - i_{Lsr}(t) \geq \Delta i$, alors $C(t)=1$ c'est à dire T_{p1} est à l'état *on*, et donc $i_e(t) = i_{Lsr}(t)$;

D est à bloquée car $V_D(t) = -E$;

Si $i_{Lsrref} - i_{Lsr}(t) \leq -\Delta i$, alors $C(t)=0$ c'est à dire T_{p1} est à l'état *off*, et donc $i_e(t)=0$;

D est à l'état *on*, et donc $V_D(t)=0$.

Il vient alors, les quatre relations suivantes du convertisseur :

$$V_D(t) = -C(t)E \tag{III.5}$$

$$i_e(t) = C(t) i_{Lsr}(t) \tag{III.6}$$

$$L_{sr} \frac{di_{Lsr}}{dt} = -V_D(t) - V_c(t) \tag{III.7}$$

$$i_{Lsr}(t) = i_{sc}(t) + i_s(t) \tag{III.8}$$

Bien que les multiplications intervenant dans les équations (III.5) et (III.6) donnent un caractère non linéaire au modèle du convertisseur, nous utiliserons pour des commodités de représentation l'opérateur p permettant d'établir le schéma fonctionnel de la figure (III.8).

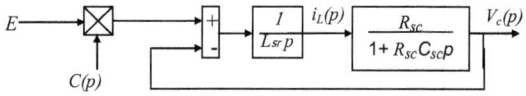

Fig. III.8 Schéma fonctionnel d'un hacheur série

III.3.2 Résultats du simulation

On a simuler le comportement d'un hacheur série commandé en courant utilisé pour charger un pack de supercondensateurs, et on a obtenu les résultats de la figure (III.9).

On note d'après la figure (III.9.a), que le courant $i(t)$ oscille covenablement autour de sa consigne de 38A dans une bande d'hystérésis imposée (Δi=0.005). Ensuite il diminue vers zéro quand le pack de supercondensateurs se charge à 750V qui est la tension de la source, (voir figure (III.9.b)).

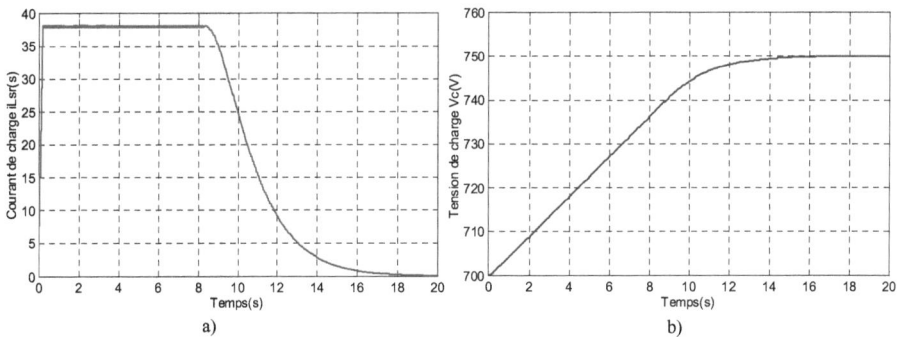

Fig. III.9 Charge d'un pack de supercondensateurs pour un hacheur série commandé en courant

(E=750V; i_{ref} =38A ; L_{sr}=0.21H ; C_{sc}=8.33F ; R_{sc}=300 en mΩ ; Δi=0.05A; h=0.0003s)

III.3.3 Commande d'un hacheur à stockage inductif

Le hacheur à stockage inductif peut être commandé en tension ou en courant. On présente dans ce qui suit ces la stratégies de commande en courant.

Puisque le récepteur se comporte comme une source de tension et non de courant, on fait dépendre la commande de l'ondulation du courant i_L qui parcourt l'élément de stockage (voir figure (III.10))[41].

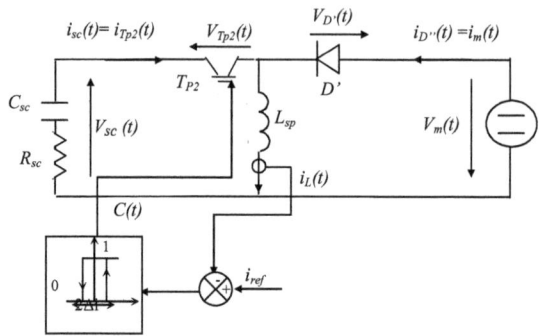

Fig. III.10 Schéma de principe de la commande d'un hacheur à stockage

C(t) est la commande de l'interrupteur principal T_{p2}, on peut écrire [41][43] :

Si $i_{ref}(t)-i_L(t) \geq \Delta i$, alors $C(t)=1$ c'est à dire T_{p2} est à l'état *on*, donc $i(t)=i_L(t)$;

D 'est à l'état *off*, donc $i_{D'}(t)=0$;

Si $i_{ref}(t)-i_L(t) \leq -\Delta i$, alors $C(t)=0$ c'est à dire T_{p2} est à l'état *off*, donc $i(t)=0$;

D 'est à l'état *on*, donc $i_{D'}(t)=i_L(t)$.

Il vient les quatre relations suivantes modélisant le comportement dynamique du convertisseur :

$$i_{sc}(t) = C(t) i_L(t) \tag{III.9}$$

$$L_{sp} \frac{di_L(t)}{dt} = C(t) V_{sc}(t) \tag{III.10}$$

$$i_{D'}(t) = (1 - C(t)) i_L(t) \tag{III.11}$$

$$L_{sp} \frac{di_L(t)}{dt} = (1 - C(t)) V_m(t) \tag{III.12}$$

III.3.4 Résultats de simulation

On a simulé le comportement d'un hacheur série-parallèle utilisé pour décharger un pack de supercondensateurs, et on a obtenu les résultats de la figure (III.11)

On note d'après la figure (III.11.a) que le courant poursuite sa référence (i_{ref} =400A) avec des ondulation dans une bande d'hystérésis (Δi=0.01A). D'autre part, la figure (III.11.b) illustre la tension de décharge aux bornes du pack de supercondensateurs lors d'une décharge pondant 10s à courant constante. On remarque que cette tension diminuée de 750V à 570V au bout de 10s.

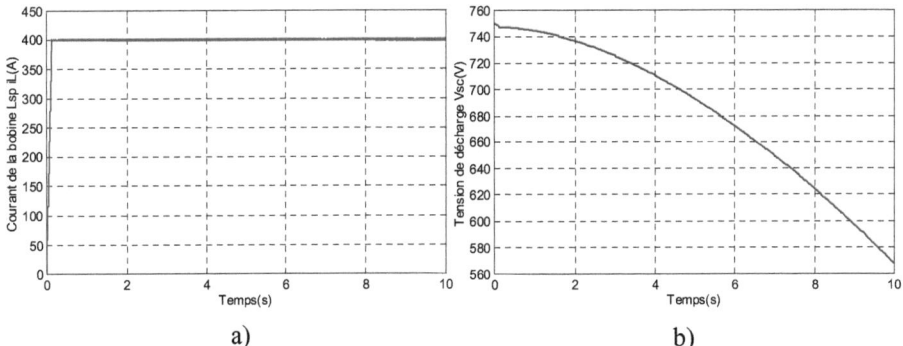

a) b)

Fig. III.11 Décharge d'un pack de supercondensateurs à l'aide d'un hacheur série-parallèle commandé en courant

(V_{sc}=750V; i_{ref} =400A; L_{sp}=0.22H; C_{sc}=8.33F; R_{sc}=300 en mΩ ; Δi=0.01A; h=0.0003s)

III.4 CONCLUSION

Dans ce chapitre on a présenté deux types des convertisseurs statiques DC-DC et leur application pour la charge et la décharge d'énergie d'un pack de supercondensateurs a courant constant. Pour la charge de ce pack on a utilisé un hacheur série, et pour la décharge on a proposé l'utilisation d'un convertisseur DC-DC à stockage inductif. La commande de ces deux hacheurs en courant a été présentée. On a présenté aussi des résultats de simulation de charge et la décharge d'un pack de supercondensateurs à courant constant.

IV.1 INTRODUCTION

Dans ce chapitre on va présenter le principe général et la théorie de base de la logique floue. Cela englobe des aspects de la théorie des possibilités qui fait intervenir des ensembles d'appartenances appelés ensembles flous caractérisant les différentes grandeurs du système à commander; et le raisonnement flou qui emploie un ensemble de règles floues établies par le savoir faire humain et dont la manipulation permet la génération de la commande adéquate ou la prise de la décision [41].

ensuite, on décrit les notions générales et l'architecture algorithmique et structurelle d'une commande floue, ou nous mettons le point sur [45][46] :

- la fuzzification;
- les inférences floues;
- et la défuzzification.

On termine ce chapitre par l'application de la logique floue à la commande des différents convertisseurs statiques présentés au chapitre précédent, à savoir les redresseurs AC-DC (monophasé et triphasé) à facteur de puissance unitaire; et les hacheurs DC-DC série et série-parallèle à stockage inductif.

IV.2 PRINCIPE ET HISTORIQUE DE LA LOGIQUE FLOUE

La logique floue est une logique qui substitue à la logique binaire une logique fondée sur des variables pouvant prendre, outre les valeurs «vrai» ou «faux», les valeurs intermédiaires «vrai» ou «faux» avec un certain degré [45]. Ce qui caractérise le raisonnement humain qui est basé sur des données imprécises ou incomplètes. En effet, déterminer si une personne est de petite ou de grande taille est aisé pour n'importe lequel d'entre nous, et cela sans nécessairement connaître sa taille. Supposons que la limite soit de 1.65m, et je mesure 1.63m. Suis-je vraiment petit ?

Bien que dans l'esprit de tout le monde le mot «flou» soit de connotation négative, il n'en est rien en réalité. Venant à l'origine du mot « duvet » (en anglais «fuzzy», c'est-à-dire le duvet qui couvre le corps des poussins), le terme «fuzzy» signifie (indistinct, brouillé, mal défini ou mal focalisé), qui se traduit par «flou» en français [46].

Dans le monde universitaire et technologique, le mot « flou » est un terme technique représentant l'ambiguïté ou le caractère vague des intuitions humaines plutôt que la probabilité.

Voici un Bref historique de la logique floue [38]:

- En 1965, le concept flou apparut grâce au professeur Loft Zadeh (Université de Berkley en Californie). Il déclara qu' un contrôleur électromécanique doté d'un raisonnement humain serait plus performant qu'un contrôleur classique», et il introduit la théorie des «sous-ensembles flous».
- En 1973, le Professeur Zadeh publie un article (dans l'IEEE Transactions on Systems, Man and Cybernetics), il y mentionne pour la première fois le terme de variables linguistiques (dont la valeur est un mot et non un nombre).
- En 1974, Mamdani (Université de Londres) réalise un contrôleur flou expérimental pour commander un moteur à vapeur.
- En 1980, Smidth et Co.A/S (au Danemark), met en application la théorie de la logique floue dans le contrôle de fours à ciment. C'est la première mise en oeuvre pratique de cette nouvelle théorie.
- Dans les années 80, plusieurs applications commencent à immerger (notamment au Japon).
- En 1987, 'explosion du flou' au Japon (avec le contrôle du métro de Sendaï) et qui atteint son apogée en 1990.
- Aujourd'hui, une vaste gamme de nouveaux produits ont une étiquette «produit flou» (Fuzzy).

IV.3 APPLICATIONS

Tandis que son application au nivaux des systèmes de réglage et de commande est relativement récente, depuis quelques années la commande par la logique floue a connu, essentiellement au Japon à partir de 1985 un essor appréciable. En effet, elle a été appliquée dans des problèmes industriels pour résoudre des problèmes de régulation aussi divers, liés à l'énergie, le transport, les machines outils, et la robotique, etc....[45][46].

IV.4 GÉNÉRALITÉS SUR LA LOGIQUE FLOUE

On mentionné que le principe général et la théorie de base de la logique floue englobent des aspects de la théorie des possibilités qui fait intervenir des ensembles d'appartenances appelés ensembles flous caractérisant les différentes grandeurs du système à commander; et le raisonnement flou qui emploie un ensemble de règles floues établies par le savoir faire humain et dont la manipulation permet la génération de la commande adéquate ou la prise de la décision.

Ainsi, les éléments constituant la théorie de base de la logique floue sont :

- les variables linguistiques et les ensembles flous;
- les fonctions d'appartenance;
- les inférences à plusieurs règles floues.

IV.4.1 Variables linguistiques et ensembles floues

La description imprécise d'une certaine situation d'un phénomène ou d'une grandeur physique ne peut se faire que par des expressions relatives ou floues à savoir; {grand, petit, positif, négatif, etc...}. Ces différentes classes d'expressions floues dites ensembles flous forment ce qu'on appelle des variables linguistiques.

Afin de pouvoir traiter numériquement ces variables linguistiques (normalisées généralement sur un intervalle bien déterminé appelé univers de discours), il faut les soumettre à une définition mathématique à base de fonctions d'appartenance qui montrent le degré de vérification de ces variables linguistiques relativement aux différents sous-ensembles flous de la même classe [45][46].

IV.4.2 Différentes formes des fonctions d'appartenance

Le plus souvent, on utilise pour les fonctions d'appartenance des formes trapézoïdales ou triangulaires. Ils s'agit des formes les plus simples, composées par morceaux de droites. L'allure est complètement définie par 3 points A, B et C pour la forme triangulaire (voir figure IV.1), voire 4 points A, B, C et D pour la forme trapézoïdale (voir figure IV.2). La forme rectangulaire est utilisée pour représenter la logique classique. Dans la plupart des cas, en particulier pour le réglage par logique floue, ces deux formes sont suffisantes pour délimiter des ensembles flous.

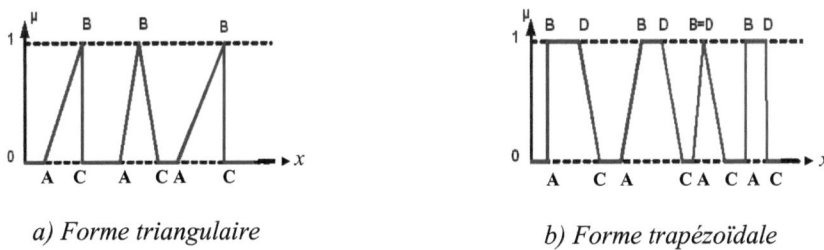

a) Forme triangulaire   b) Forme trapézoïdale

Fig. IV.1 Formes usuelles des Fonctions d'appartenance

Les courbes d'appartenance prennent différentes formes en fonction de la nature de la grandeur à modéliser (voir figure.IV.2).

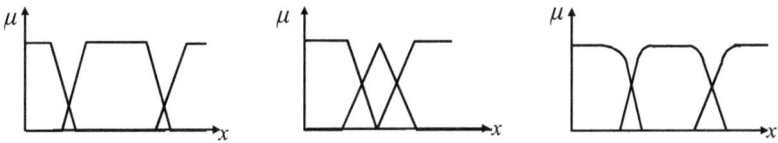

Fig. IV.2 Différentes formes des fonctions d'appartenance

Pour éclaircir la situation, on peut prendre un exemple qui considère la taille d'un homme comme variable linguistique. On peut, à coup sûr, classer les hommes suivant leur taille en Petit, Moyen et Grand, mais comment déterminer les limites entre chaque catégorie autrement qu'avec le secours de la logique floue ?

Essayons de définir la catégorie petite (voir figure.IV.3).: Un homme est vraiment petit au dessous de 1.60m à 1.65m, il n'est "qu'à moitié" petit. Il ne l'est plus du tout au-delà de 1.70m.

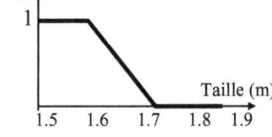

Fig. IV.3 Fonction d'appartenance de la variable taille à l'ensemble flou

Définissons aussi la fonction d'appartenance à l'état grand : Un homme est vraiment grand au dessus de 1.80m, à 1.75m, il n'est "qu'à moitié" grand. Il ne l'est plus du tout en deçà de .70m.

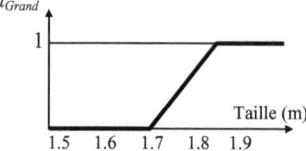

Fig. IV.4 Fonction d'appartenance de la variable taille à l'ensemble flou

D'autre part la fonction d'appartenance à l'état moyen, peut être représente ainsi : Un homme est tout à fait moyen à 1.70m. En dessous de 1.60m, il n'est pas assez grand pour être moyen. Au delà de 1.80m, il ne l'est plus non plus.

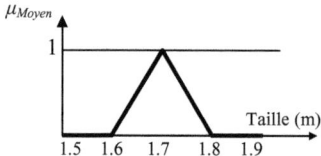

Fig. IV.5 Fonction d'appartenance de la variable taille à l'ensemble flou

Si l'on superpose les 3 graphiques précédents, On note que les trois fonctions d'appartenance se chevauchent (voir figure.IV.6). Ce chevauchement est tout à fait logique, il montre que lorsque notre taille grandit nous ne passons pas brutalement d'une catégorie à une autre, mais progressivement. A l'age de l'adolescence, notre degré d'appartenance aux groupes des petits décroît au profit de notre degré d'appartenance au groupe des moyens, et bientôt à celui des grands. Ce chevauchement sera en outre une garantie de stabilité des asservissements basés sur la logique flouc [45].

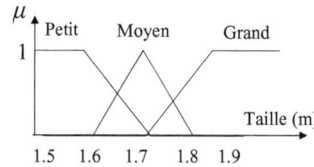

Fig. IV.6 Fonction d'appartenance de la variable linguistique taille

On définit ainsi une variable linguistique (x =Taille); et on prend la division $E_i(i=1,3)$, des ensembles flous tels que E_1=Petit (P) ; E_2=Moyen (M) ; E_3=Grand (G)

La transcription des ensembles flous en des fonctions d'appartenance, $\mu_{Ei}\{x$=Taille), (i=1,3) est montrée sur figure (IV.7),

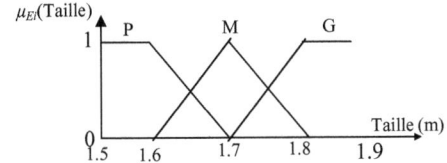

Fig. IV.7 Fonctions d'appartenance avec trois ensembles flous pour la variable linguistique (Taille)

Pour une subdivision plus fine composée de sept ensembles flous (PP, P, MP, M, MG, G, PG), les fonctions d'appartenance μ_{Ei} (Taille) pour (i=1,7) sont illustrées par la figure(IV.8), la taille étant normalisée.

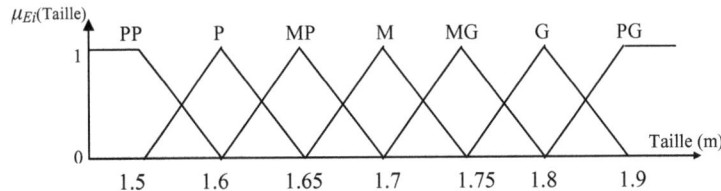

Fig. IV.8 Fonction d'appartenance avec sept ensembles flous pour la variable linguistique (Taille)

Pour obtenir le degré d'appartenance d'une valeur donnée de la variable linguistique relatif à un sous-ensemble flou, il suffit de projeter verticalement cette valeur sur la fonction d'appartenance correspondant à ce sous-ensemble flou.

IV.4.3 Inférence à plusieurs règles floues

En général, la prise de la décision dans une situation floue définissant une loi de commande est le résultat d'une ou plusieurs règles floues appelées aussi inférences, liées entre elles par des opérateurs flous ET, OU, ALORS,... etc.[45][46].

En automatique, les variables d'état représentent les entrées du système de contrôle sont mesurées ou estimées. En associant des variables linguistiques comprenant des subdivisions d'ensembles flous, et en interprétant mathématiquement des règles mentales ou floues en terme de ces variables d'état de la forme :

Si condition une ET/OU si condition deux ALORS décision ou action, la logique floue fonctionne suivant le principe suivant : Plus la condition sur les entrées est vraie, plus l'action préconisée pour les sorties doit être respectée

Après avoir fuzzifier (c'est à dire transformer en variables linguistique) les variables d'entrée et de sortie, il faut établir les règles liant les entrées aux sorties. En effet, il ne faut pas perdre le but final qui consiste à chaque instant, à analyser l'état ou la valeur des entrées du système pour déterminer l'état ou la valeur de toutes les sorties.

On peut générer une action ou prendre une décision en affectant une valeur floue à la variable linguistique de la variable de sortie, qui est transformée en une valeur numérique précise dans la phase finale.

Généralement les algorithmes de commande comprennent plusieurs règles floues et la décision ou l'action est formulée ainsi :

Action ou opération ={Si condition 1 ET condition 1' ALORS opération 1 OU
                         Si condition 2 ET condition 2' ALORS opération 2 OU
                         Si condition m ET condition m' ALORS opération m}

IV.5 DESCRIPTION ET STRUCTURE D'UNE COMMANDE PAR LA LOGIQUE FLOUE

Contrairement aux techniques de réglage classique, le réglage par la logique floue n'utilise pas des formules ou des relations mathématiques bien déterminées ou précises. Mais, il manipule des inférences avec plusieurs règles floues à base des opérateurs flous ET, OU, ALORS,…etc, appliquées à des variables linguistiques.

On peut distinguer trois parties principales constituant la structure d'un régulateur flou (voir figure IV.9) [45] :

- une interface de fuzzification,
- un mécanisme d'inférence,
- et une interface de Defuzzefication

La figure (IV.9) représente, à titre d'illustration la structure d'un régulateur flou à deux entrées et une sortie : ou x_1 et x_2 représentent les variables d'entrée, et x_r celle de sortie ou la commande.

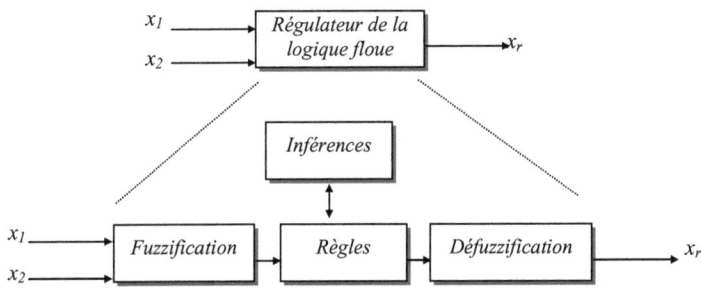

Fig. IV.9 Structure interne d'un régulateur de la logique floue

IV.5.1 Interface de fuzzification

C'est une opération qui consiste à transformer les données numériques d'un phénomène à des valeurs linguistiques sur un domaine normalisé qui facilite le calcul. A partir de ces domaines numériques appelés univers de discours et pour chaque grandeur d'entrée ou de sortie, on peut calculer les degrés d'appartenance aux sous-ensembles flous de la variable linguistique correspondant [45].

Considérons un contrôleur flou de la tension de sortie d'un hacheur, qui possède deux entrées : l'erreur de la tension de sortie du convertisseur par rapport à une consigne $x_1 = e = V_{ref} - V_s$ et la variation de cette erreur $x_2 = \Delta e$. La figure (IV.10) présente les fonctions d'appartenance de ces deux variables linguistiques normalisées, constituées de trois sous-ensembles flous {Négatif Grand (NG), Egal à Zéro (EZ), Positif Grand (PG)}.

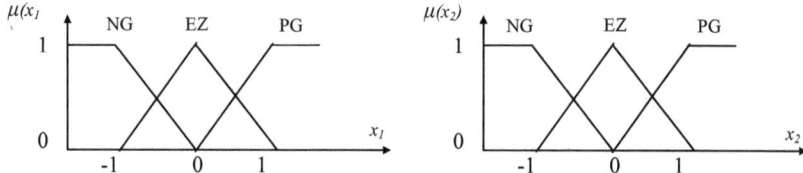

Fig. IV.10 Fonctions d'appartenance des deux variables linguistiques normalisées x_1 et x_2

La sortie du régulateur flou doit générer la variation du rapport cyclique du hacheur qui est une troisième variable linguistique du régulateur ($x_r = \Delta\alpha$), et qui est aussi normalisée. Ses fonctions d'appartenance sont illustrées par la figure (IV.11).

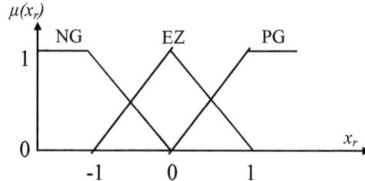

Fig. IV.11 Fonctions d'appartenance de la variable linguistique normalisée x_r

IV.5.2 Mécanisme d'inférence floue

Cette étape consiste à relier les variables physiques d'entrée du régulateur (grandeurs mesurées ou estimées), qui sont transformées en variables linguistiques pendant l'étape de fuzzification ; à la variable de sortie du contrôleur sous sa forme linguistique, par des règles mentales traduisant une action ou une décision linguistique sur la commande à la sortie du régulateur, face à toute situation se présentant à l'entrée de ce régulateur [45][46].

Ces inférences sont basées sur plusieurs règles établies par l'expertise et le savoir-faire humain concernant le système à régler. Elles sont structurées sous forme compacte dans une matrice multidimensionnelle dite matrice d'inférence.

On exprime les inférences généralement par une description linguistique et symbolique à base de règles pré définies dans la matrice d'inférence. Chaque règle est composée d'une condition précédée du symbole 'SI' appelée prémisse, et d'une conclusion (action, décision, opération ou commande) précédée du symbole 'ALORS'. Le traitement numérique des règles d'inférence qui permet d'obtenir la sortie linguistique ou floue du régulateur se fait par différentes méthodes, on cite principalement [47] :

- la méthode d'inférence max-min,
- la méthode d'inférence max-prod,
- et la méthode d'inférence somme-prod.

Chacune de ces trois méthodes utilise un traitement numérique propre des opérateurs de la logique floue :

- Pour la méthode d'inférence max-min, l'opérateur ET est réalisé par la formation du minimum, l'opérateur OU est réalisé par la formation du maximum, et ALORS, (l'implication) est réalisée par la formation du minimum.

- Pour la méthode d'inférence max-produit, l'opérateur ET est réalisé par la formation du produit, l'opérateur OU est réalisé par la formation du maximum, et ALORS (l'implication) est réalisée par la formation du produit.

- Pour la méthode d'inférence somme-produit, on réalise au niveau de la condition, l'opérateur OU par la formation de la somme (valeur moyenne), et l'opérateur ET par la formation du produit. Pour la conclusion, l'opérateur ALORS est réalisé par un produit.

Dans le cas de la méthode somme-produit, l'actions des différentes règles sont liées entre elles par l'opérateur OU qui est réalisé par la formation de la moyenne arithmétique (somme moyenne). Alors, pour chaque règle on obtient la fonction d'appartenance de x_r en formant le produit de $\mu(x_1)$, $\mu(x_2)$ et $\mu_{oi}(x_r)$ exigé par la règle :

$$\mu_{Ri}(x_r) = \mu(x_1)\mu(x_2)\mu_{oi}(x_r)$$
$$=\mu_{Ci}\mu_{oi}(x_r) \quad \text{(IV.1)}$$

μ_{Ci} est le degré de vérification de la $i^{\text{éme}}$ règle ou condition ;

Où $\mu(x_1)$ et $\mu(x_2)$ sont les facteurs d'appartenance des deux variables linguistiques aux deux ensembles flous de la $i^{\text{éme}}$ règle, pour deux valeurs données de x_1 et x_2 ;
Et $\mu_{oi}(x_r)$ est la fonction d'appartenance de la variable de sortie correspondant à la $i^{\text{ème}}$ règle (R_i).

Alors, la fonction d'appartenance résultante est exprimée par [36] :

$$\mu_{res}(x_r) = \frac{[\mu_{R1}(x_r) + \mu_{R2}(x_r) + \mu_{R3}(x_r) + \ldots\ldots\ldots + \mu_{Rm}(x_r)]}{m} \quad \text{(IV.2)}$$

où m est le nombre des règles de la matrice d'inférence.

IV.5.3 Interface de défuzzification

La défuzzification consiste à déduire une valeur numérique précise de la sortie du régulateur (x_r) à partir de la conclusion résultante floue $\mu_{res}(x_r)$ issue de l'opération d'inférence. Les méthodes couramment utilisées sont [45][46] :

- La méthode de centre de gravité,
- La méthode du maximum,
- La méthode des surfaces,
- La méthode des hauteurs.

On présente dans ce qui suit l'une des méthodes les plus utilisées, qui est la méthode du centre de gravité. Elle consiste à prendre comme décision ou sortie en la détermination de l'abscisse du centre de gravité de la fonction d'appartenance résultante $\mu_{res}(x_r)$. Cette abscisse x_{Gr} du centre de gravité de $\mu_{res}(x_r)$ est déterminée par la relation suivante :

$$x_{Gr} = \frac{\int_{-1}^{1} x_r \mu_{res}(x_r) dx_r}{\int_{-1}^{1} \mu_{res}(x_r) dx_r} \quad \text{(IV.3)}$$

Dans le cas de la méthode d'inférence somme-produit, on peut simplifier l'expression (IV.2) de $\mu_{res}(x_r)$. En effet, selon la relation (IV.1) on a :

$$\mu_{res}(x_r) = \frac{1}{m}\sum_{i=1}^{m}\mu_{ci}\mu_{oi}(x_r) \qquad (IV.4)$$

D'autre part; l'intégrale du dénominateur de (IV.3) peut être simplifie ainsi :

$$\int_{-1}^{1}\mu_{res}(x_r)dx_r = \frac{1}{m}\sum_{i=1}^{m}\mu_{ci}\int_{-1}^{1}\mu_{oi}(x_r)dx_r = \frac{1}{m}\sum_{i=1}^{m}\mu_{ci}S_i \qquad (IV.5)$$

Ou S_i ou est la surface de la fonction d'appartenance du sous-ensemble floue de x_r correspondant à la $i^{ème}$ règle.

Pour ce qui est de l'intégrale du numérateur de (IV.3), on peut la simplifier de la manière suivante :

$$\int_{-1}^{1}x_r\mu_{res}(x_r)dx_r = \frac{1}{m}\sum_{i=1}^{m}\mu_{ci}\int_{-1}^{1}x_r\mu_{oi}(x_r)dx_r = \frac{1}{m}\sum_{i=1}^{m}\mu_{ci}x_{Gi}S_i \qquad (IV.6)$$

Ou x_{Gr} est l'abscisse du centre de gravité de la surface S_i.

On obtient finalement l'abscisse du centre de gravité de $\mu_{res}(x_r)$ qui définit la commande ou l'action normalisée :

$$x_{Gr} = \frac{\sum_{i=1}^{m}\mu_{ci}x_{Gi}S_i}{\sum_{i=1}^{m}\mu_{ci}S_i} \qquad (IV.7)$$

IV.6 COMMANDE FLOUE DES CONVERTISSEURS AC-DC MONOPHASÉ ET TRIPHASÉ A FACTEUR DE PUISSANCE UNITAIRE

IV.6.1 Principe et structure de la commande

Le contrôleur flou utilisé pour corriger le facteur de puissance d'un convertisseur AC-DC (monophasé ou triphasé) du côté réseau reçoit comme entrée l'erreur et la variation de l'erreur de la tension de sortie V_{dc} du convertisseur par rapport à sa consigne V_{dcref}. A la sortie, il délivre la variation normalisée du courant de référence, calculée suivant les trois étapes du réglage flou présentées précédemment dans ce chapitre

Le régulateur défini au paragraphe (IV.5) de ce chapitre génère une action non linéaire en fonction de l'erreur et la variation de l'erreur de la tension de sortie V_{dc} d'un convertisseur AC-DC (redresseur monophasé ou triphasé), qui est la variation du courant de référence du redresseur [46][49][50].

A partir de cette variation, le courant de référence calculé par sommation, est utilisé pour commander les interrupteurs du convertisseur statique de telle sorte à régler le niveau de la tension de sortie [51][52][53]..

Le schéma bloc de la structure de commande par un régulateur flou d'un redresseur à facteur de puissance unitaire (triphasé et monophasé) est illustré par la figure (IV.12).

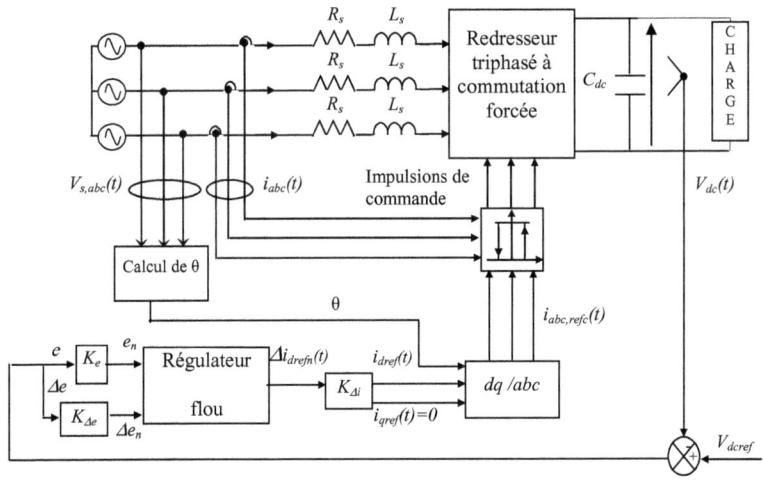

a) Cas d'un redresseur triphasé à commutation forcée

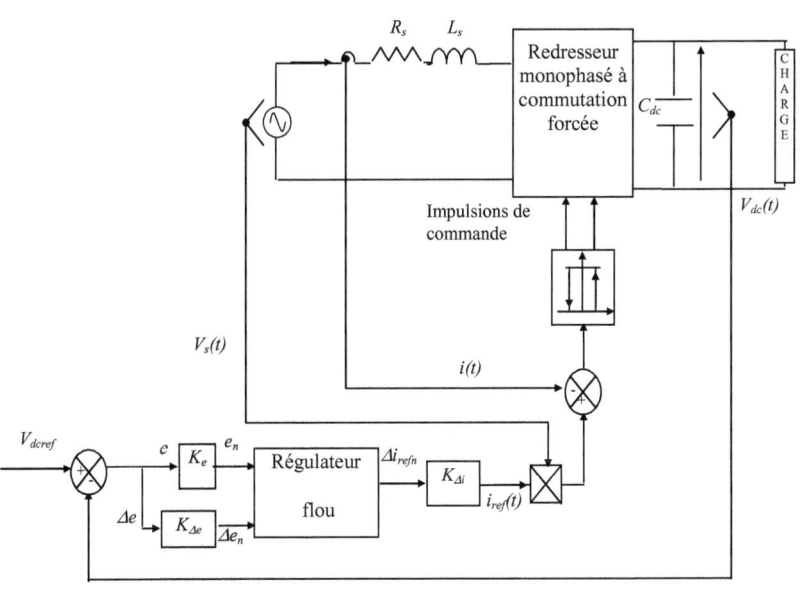

b) Cas d'un redresseur monophasé à commutation forcée

Fig. IV.12 Schéma bloc de la structure de commande d'un redresseur à commutation forcée

IV.6.2 Description du régulateur flou

Les deux entrées du régulateur flou sont l'erreur de la tension de sortie $V_{dc}(t)$ du convertisseur AC-DC (monophasé ou triphasé) $e = V_{dcref} - V_{dc}(t)$, et sa variation Δe. La sortie c'est la variation de la commande Δi_n ou (Δi_{an} dans le cas du redresseur triphasé)qui est la variation du courant normalisé, comme on l'à déjà mentionné.

Les trois variables linguistiques e, Δe et Δi sont normalisées et adaptées comme suit [53][54].

$$e_n = \frac{e}{k_e}$$
$$\Delta e_n = \frac{\Delta e}{k_{\Delta e}} \qquad (IV.8)$$
$$\Delta i_n = \frac{\Delta i}{k_{\Delta i}}$$

Ou k_e, $k_{\Delta e}$, et $k_{\Delta i}$ sont des gains associes à e, Δe et Δi respectivement.

En jouant sur ces gains, on assure la stabilité et on établit les performances dynamiques et statiques désirées [55].

Voici les ensembles flous et les fonctions d'appartenance utilisés pour la fuzzification des trois variables linguistiques e_n, Δe_n et Δi_n

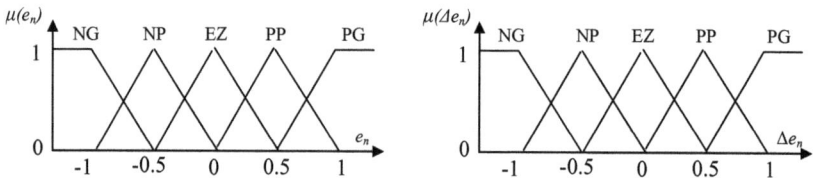

Fig. IV.13 Fonctions d'appartenance des entrées du régulateur flou (l'erreur de la tension et variation de l'erreur normalisées)

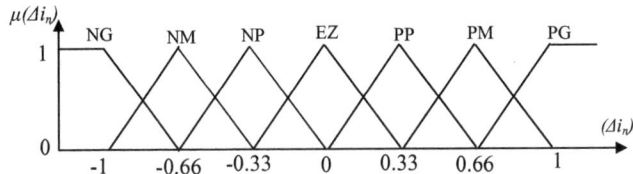

*Fig. IV.14 Fonctions d'appartenance de la sortie du régulateur flou
(variation du courant de référence normalisée)*

Explicitons maintenant les notations des sous-ensembles flous utilisés pour fuzzifier les trois variables précédentes [45]:

EZ : Egal à Zéro

PP : Positif Petit   NP : Négatif Petit
PM : Positif Moyen   NM : Négatif Moyen
PG : Positif Grand   NG : Négatif Grand

Par ailleurs, la matrice d'inférence adoptée est constituée de 25 règles récapitulées dans le tableau suivant:

e_n / Δe_n	NG	NP	EZ	PP	PG
NG	NG	NG	NM	NP	EZ
NP	NG	NM	NP	EZ	PP
EZ	NM	NP	EZ	PP	PM
PP	NP	EZ	PP	PM	PG
PG	EZ	PP	PM	PG	PG

Tableau IV.1 Matrice d'inférence du régulateur flou

Cette matrice d'inférence est établie par une logique qui tient compte de la physique du système. En effet, il est tout à fait normal de générer une variation du courant de référence négative grande quand l'erreur sur la tension de sortie du convertisseur par rapport à sa consigne et sa variation sont négatives grandes,...etc

Donc une parfaite connaissance du comportement du système à régler nous permet d'établir un ensemble de règles floues, contrairement aux méthodes classiques où il nous faut un modèle mathématique.

L'action ou la commande Δi ou Δi_a, est déduite en tenant compte de l'ensemble des 25 règles de la matrice d'inférence, en effet [45].:

Δi_n= {Si (e_n est PG ET Δe_n est PP) ALORS Δi_n est PG OU

Si (e_n est NP ET Δe_n est EZ) ALORS Δi_n est NP OU (IV.9)

etc...}.

Pour la Defuzzification, on utilise la méthode du centre de gravité présentée précédemment on obtient :

$$\Delta i_n = \frac{\sum_{i=1}^{25} \mu_{ci} X_{Gi} S_i}{\sum_{i=1}^{25} \mu_{ci} S_i} \qquad (IV.10)$$

Ou μ_{ci} est le facteur d'appartenance de la prémisse ou de la condition de la i^{éme} règle .

S_i est l'aire de la fonction d'appartenance de la sortie en liaison avec la i^{éme} règle, elle ne dépend pas des entrées.

x_{Gi} est l'abscisse du centre de gravité de la surface S_i,
On peut écrire enfin que [59].

$$i_{ref}(k+1) = i_{ref}(k) + K_{\Delta i} \Delta i_n(k+1) \qquad (IV.11)$$

IV.6.3 Résultats de simulation et discussion

On présente dans cette section les résultats de simulation d'un réglage flou de la tension de sortie et la correction du facteur de puissance du coté alternative de deux convertisseurs AC-DC à commutation forcée l'un triphasée et l'autre monophasé

IV.6.3.1 Cas d'un redresseur triphasé à commutation forcée

Le régulateur flou présenté dans ce chapitre permet à partir d'une erreur de tension ($e=V_{dcref}-V_{dc}(t)$) et sa variation (Δe), d'estimer le courant de référence ou de commande. Tout comme le PI classique, le régulateur flou est appliqué à la commande du redresseur triphasé à commutation forcée. Les résultats de simulation sont illustrés par la figure (IV.15).

En examinant ces courbes (voir figure IV.15.a), on note que la tension V_{dc} s'établit très rapidement à sa référence V_{dcref}=850V pour différentes charges (R_{ch}=0Ω, R_{ch}=85Ω, et R_{ch}=85/2Ω), sans erreur statique et avec une petite déviation aux première instant de la variation de la charge, grâce à l'introduction du régulateur flou. Par ailleurs, les figures (IV.15.c) et (IV.15.d) montrent que le courant de phase i_a suit sa référence i_{aref} en amplitude et en phase, à une bande d'hystérésis prés (Δi=0.001A). On note de plus d'après la figure (IV.15.b), que la tension et le courant de la phase a sont en phase pratiquement, ce qui garantit un facteur de puissance quasiment unitaire.

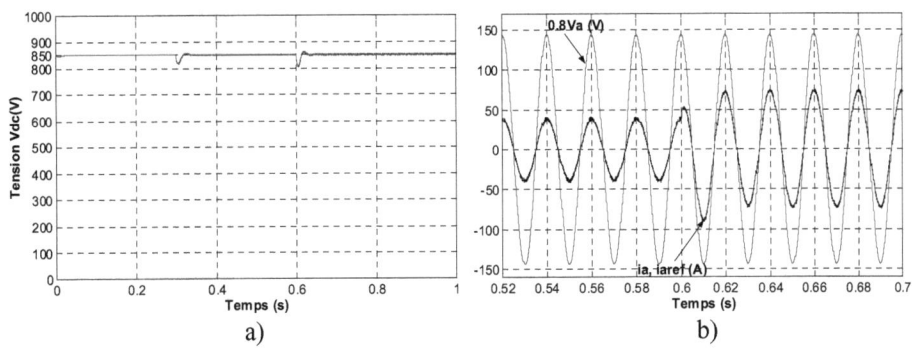

a)   b)

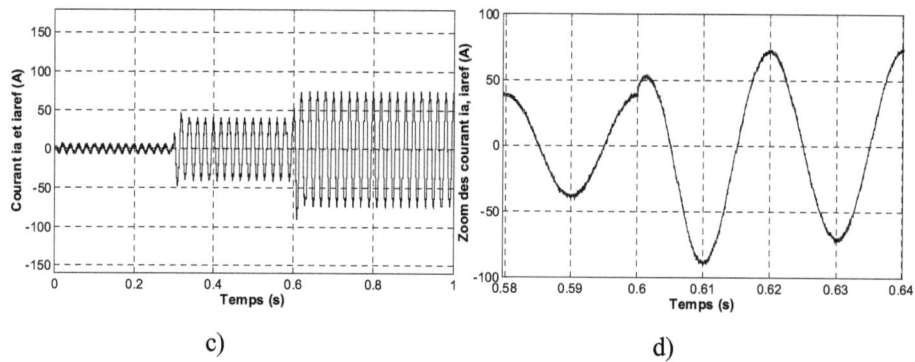

c)   d)

Fig. IV.15 Résultats de simulation d'un redresseur triphasé à facteur de puissance unitaire commandé par un PI flou

(V_{saref}=220V, Ls=0.009H, Rs=0.3Ω, f=50Hz, C=2000μF, R_{ch}=85Ω, K_e=0.8e-4, $K_{\Delta e}$=140, $K_{\Delta i}$=70, h=0.0005s, Δi=0.001A)

IV.6.3.2 Cas d'un redresseur monophasé à commutation forcée :

Le régulateur flou présenté dans la deuxième partie est appliqué pour commandé un redresseur monophasé tout comme pour le redresseur triphasé, avec une erreur de tension ($e=V_{dcref}-V_{dc}(t)$) et sa variation (Δe), comme entrée et et l'erreur de courant Δi comme sortie,

On note sur la figure (IV.16.a) que la tension $V_{dc}(t)$ s'établit très rapidement à sa référence V_{dcref}=850V pour différentes charges (R_{ch}=0Ω, R_{ch}=85Ω, et R_{ch}=85/2Ω), avec une petite déviation due à la variation de la charge, et sans erreur statique à quelques oscillations prés grâce à l'introduction du régulateur flou.[56][57].

Par ailleurs, les figures (IV.16.c) et (IV.16.d) montrent que le courant de réseau *i* suit sa référence i_{ref} en amplitude et en phase, dans une bande d'hystérésis Δi=0.005A.

On note de plus d'après la figure (IV.16.b), que la tension et le courant de la phase a sont en phase pratiquement, ce qui garantit un facteur de puissance quasiment unitaire.

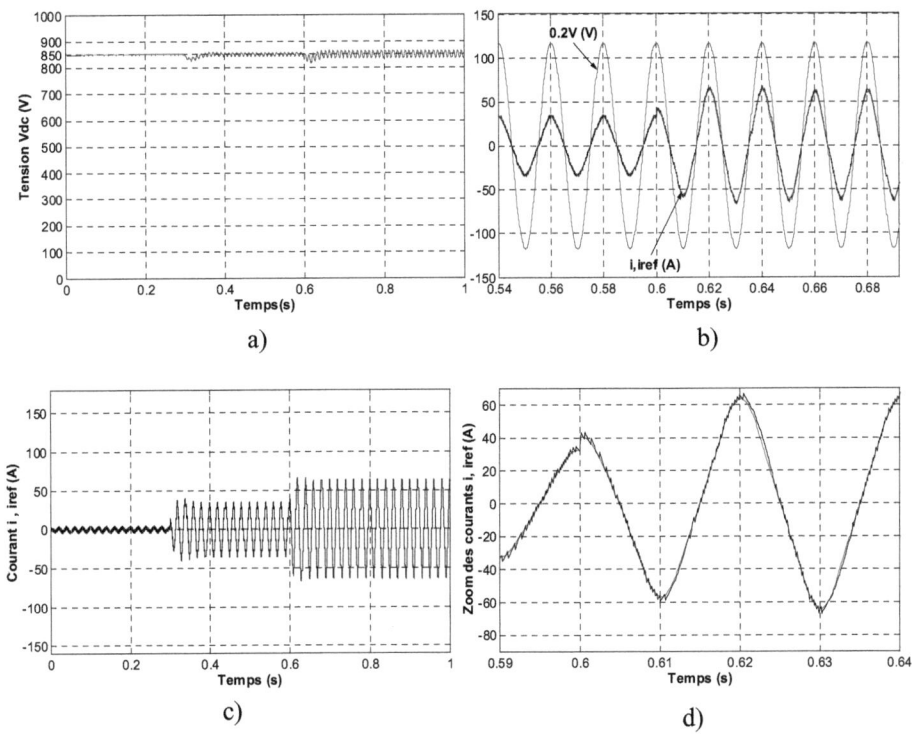

Fig. IV.16 Résultats de simulation d'un redresseur monophasé à facteur de puissance unitaire commandé par PI flou

(V_{saref}=415V, Ls=0.03H, Rs=0.1Ω, f=50Hz, C=3300μF, Rch=85Ω

K_e=8e-5, $K_{\Delta e}$=200, $K_{\Delta i}$=50. h=0.0005s, Δi=0.05A)

IV.7 COMMANDE FLOUE D'UN HACHEUR SÉRIE

On présente dans cette partie le principe et les résultats de simulation d'une commande floue en courant un hacheur série.

IV.7.1 Principe et structure de commande floue en courant d'un hacheur série

La commande en courant d'un hacheur série, peut se faire par un contrôleur flou qui reçoit comme entrées l'erreur et la variation de l'errer du courant i par rapport à sa référence $i_{ref}(t)$; et délivre à la sortie la variation du rapport cyclique normalisée $\Delta\alpha_n$ calculée suivant les trois étapes du réglage flou présentées précédemment dans ce chapitre. La figure (IV.17) représente le schéma de commande en courant d'un hacheur série par un régulateur flou.

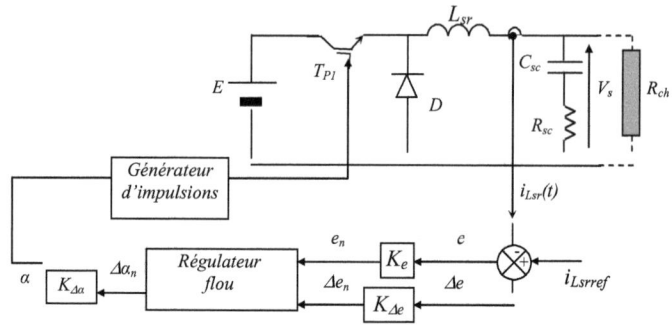

Fig. IV.17 Schéma bloc de la commande en courant d'un hacheur série par un PI flou

IV.7.2 Description du régulateur flou

Les deux entrées du régulateur flou sont l'erreur du courant de l'inductance de lissage $e = i_{ref} - i$, et sa variation Δe. La sortie c'est la variation de la commande $\Delta\alpha_n$ (qui est la variation du rapport cyclique normalisé)[58]..

La normalisation de ces trois variables linguistiques e, Δe et $\Delta\alpha$ se fait en utilisant les expressions suivantes. :

$$e_n = \frac{e}{K_e}$$

$$\Delta e_n = \frac{e}{K_e} \qquad (IV.12)$$

$$\Delta\alpha_n = \frac{\Delta\alpha}{K_{\Delta\alpha}}$$

Ou K_e, $K_{\Delta e}$, et $K_{\Delta\alpha}$ sont des gains associes à e, Δe et $\Delta\alpha_n$ respectivement.

Les ensembles flous et les fonctions d'appartenance utilisés pour la fuzzification des trois variables linguistiques e_n, et Δe_n d'une part, et $\Delta\alpha_n$ d'autre sont semblable à celles illustrées par les figures (IV.13) et (IV.14) respectivement.

Les règles linguistiques peuvent être représentées par une même matrice d'inférences constituée de 25 règles (voir tableau IV.1). La commande floue de la sortie $\Delta \alpha_n$, peut être exprimée ainsi :

$\Delta \alpha_n = \{$ Si (e_n est NG ET Δe_n est NG) ALORS $\Delta \alpha_n$ est NG OU
 Si (e_n est NM ET Δe_n est NG) ALORS $\Delta \alpha_n$ est NG OU
 etc...$\}$ (IV.13)

Pour la défuzzification, on a utilisé la méthode du centre de gravité, ce qui donne dans le cas d'une méthode d'inférence somme-produit :

$$\Delta \alpha_n = \frac{\sum_{i=1}^{25} \mu_{ci} X_{Gi} S_i}{\sum_{i=1}^{25} \mu_{ci} S_i} \quad (IV.14)$$

D'ou on peut déduire la commande de l'interrupteur T_{p1} qui est en fonction du rapport cyclique α, exprimé par :

$$\alpha(k+1) = \alpha(k) + K_{\Delta \alpha_n} \Delta \alpha_n (k+1) \quad (IV.15)$$

IV.7.3 Résultats de simulation et discussion

L'utilisation d'un régulateur flou pour la commande en courant d'un hacheur série afin de charger un pack de supercondensateurs, aboutit aux résultats de simulation illustrés par la figure (IV.18).

On note, d'après la figure (IV.18.a) que le courant de l'inductance i_L s'établit à sa valeur de référence (38A) à quelques oscillations près. Après la charge du pack de supercondensateurs à une tension égale à celle de la source (750V) le courant devient nul.

D'autre part la figure (IV.18.b) représente la tension aux bornes du pack de supercondensateurs, on remarque que celui-ci est chargé au bout de t=16s environ d'une tension de 700V à une tension V_c=750V.

Par ailleurs, la figure (IV.18.c) montre l'évolution du rapport cyclique, qui reflète l'évolution de la commande de l'interrupteur T_{p1} pendant la charge du pack de supercondensateurs.

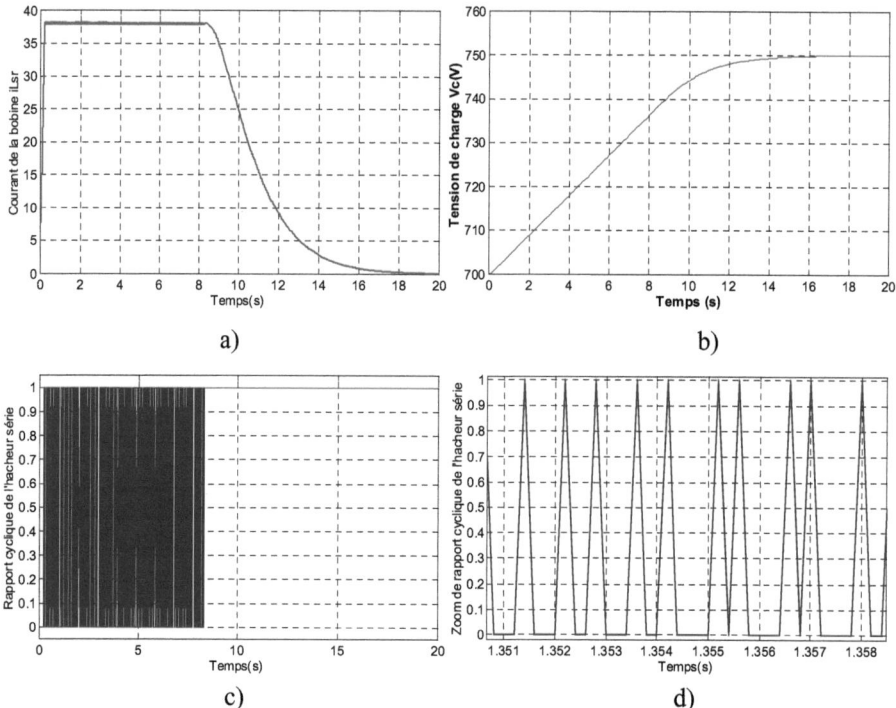

Fig. IV.18. Résultats de simulation pour un hacheur série commandé en courant par un régulateur flou
(E=750V, i_{Lref}=38A, C_{SC}=8.33F, L_{sr}=2.21H, R_{SC}=300Ω, K_e=0.02, $K_{\Delta e}$=125, $K_{\Delta \alpha}$=1.322)

IV.8 COMMANDE FLOUE D'UN HACHEUR A STOCKAGE INDUCTIF

On présente ici le principe de la commande floue en courant d'un hacheur à stockage inductif et des résultats de simulation avec discussion.

IV.8.1 Principe et structure de commande floue en courant d'un hacheur à stockage inductif

Pour contrôler par la logique floue un hacheur à stockage inductif en courant, on utilise une structure de commande illustrée par la figure (IV.19), qui est similaire à celle du hacheur série.

Les variables d'entrée du régulateur flou sont l'erreur e et la variation de l'erreur Δe, du courant de l'inductance i_L par apport au courant de référence i_{Lref}. La variation du rapport cyclique c'est la sortie du contrôleur flou.

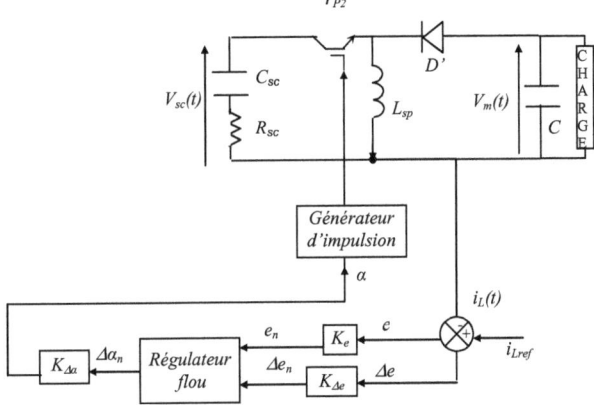

Fig. IV.19 Schéma bloc de la commande en courant d'un hacheur à stockage inductif par un PI flou

IV.8.2 Description du régulateur flou

Les ensembles flous et les fonctions d'appartenance des deux entrées et de la sortie du régulateur flou sont normalisées, les notations des ensembles flous, et la matrice d'inférence sont les mêmes que ceux d'un hacheur série (voir figures (IV.13 et IV.14) et tableau IV.1).

La logique floue est utilisée pour établir la matrice d'inférence de la sortie $\Delta \alpha$. Ainsi, l'expression de la commande floue à la sortie du régulateur $\Delta \alpha_n$ et α, peut être exprimée en utilisant les équations (IV.14 et IV15) :

IV.8.3 Résultats de simulation et discussion

L'utilisation du réglage par la logique floue, pour commander en courant un hacheur à stockage inductif dont la source est un pack de supercondensateurs qui se décharge dans un moteur à courant continu au démarrage (ou a supposé que le moteur se comporte comme une force électromotrice proportionnelle au temps de décharge), donne les résultats de simulation suivantes.

La figure (IV.20.a) montre que le courant de l'inductance atteint rapidement a sa référence (i_{Lref}=400A) sans dépassement ni erreur statique, à quelque petites oscillations prés, a cause de la fréquence de hachage ou de commutation de l'interrupteur T_p.

On note de plus sur la figure (IV.20.b) la décharge de pack de supercondensateurs d'une tension V_{sc}=750V jusqu'à une tension V_{sc}=650V au bout de 10s.

On note aussi, d'après la figure (IV.20.c) l'évolution du rapport cyclique, qui reflète la commutation de l'interrupteur T_{p2} pendant la décharge du pack de supercondensateurs.

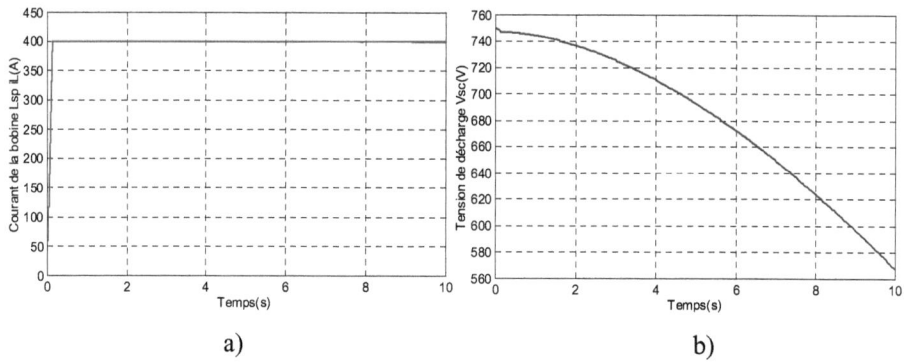

a)   b)

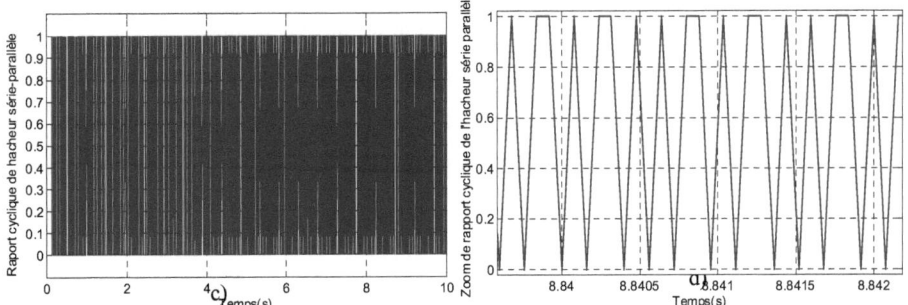

Fig.IV.20. Résultats de simulation d'un hacheur à stockage inductif commandé en courant par un régulateur flou de la tension

(E=750V, i_{Lref}=400A, C_{SC}=8.33F, L=0.21H, R_{SC}=150Ω, K_e=2, $K_{\Delta e}$=230, $K_{\Delta \alpha}$=5.2)

IV.9 CONCLUSION

Dans ce chapitre on a décrit les principes de base de la théorie de la logique floue, la structure et les étapes constituant l'algorithme d'un régulateur PI flou, et son application au réglage, de deux redresseurs à commutation forcée l'un est monophasé et l'autre triphasé, afin d'avoir un facteur de puissance tendant vers l'unité du côté alternatif, et une tension du bus continu constante indépendamment de la charge.

On a utilisé avec succès, ce même type de réglage pour commander en courant un hacheur dévolteur (hacheur série) afin de charger un pack de supercondensateurs, et pour commander en courant aussi un hacheur à stockage inductif pour décharger à courant constant un pack de supercondensateurs dans un moteur à courant continu au démarrage.

V.1 INTRODUCTION

Dans ce chapitre, on présentera un système de biberonnage par un pack de supercapacités d'un moteur à courant continu entraînant un véhicule électrique au démarrage. Ensuite, on décrira une approche de choix et de dimensionnement des différentes composantes de ce système de biberonnage, à savoir le moteur à courant continu; le pack de supercondensateurs; les convertisseurs statiques DC-DC (hacheur série et hacheur à stockage inductif), et les convertisseur AC-DC à UPF (redresseur monophasé ou triphasé). Enfin, on exposera et discutera des résultats de simulation d'un cycle de fonctionnement du système de biberonnage de la chaîne de traction pour deux cas de commande différents, l'un concerne la commande des différents courants des convertisseurs statique (redresseur et hacheur) par une commande à MLI à hystérésis et l'autre consiste en la commande par la logique floue de ces mêmes convertisseurs statiques.

V.2 PRÉSENTATION DU SYSTÈME DE BIBERONNAGE

La figure (V.1) présente un schéma électrique d'un système de biberonnage d'une chaîne de traction constitué principalement d'un moteur à courant continu entraînant une roue d'un train destiné au transport urbain. Ce système est composé d'un convertisseur statique de type AC-DC (Redresseur monophasé ou triphasé à commutation forcée à facteur de puissance unitaire) qui génère une tension continue alimentant un convertisseur statique DC-DC (hacheur série) pour but de charger lentement un pack de supercondensateurs. Ensuite, ce système de stockage d'énergie (pack de supercapacités) se décharge rapidement à courant constant pour alimenter (biberonnage) au démarrage un moteur à courant continu d'une chaîne de traction électrique par l'intermédiaire d'un autre convertisseur statique (hacheur à stockage inductif).

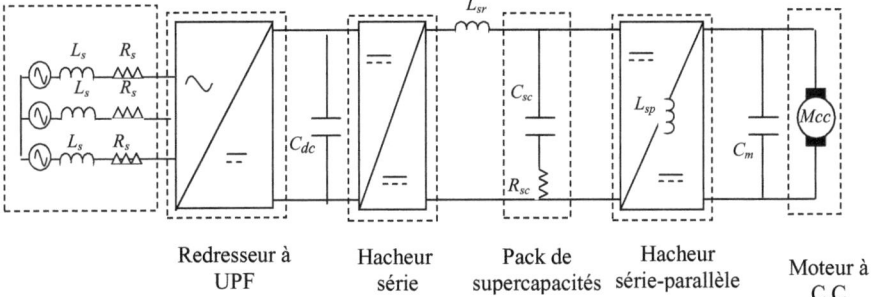

Fig.V.1 Schéma électrique d'un système de biberonnage d'une chaîne de traction de la roue d'un train destiné au transport urbain.

V.3 DIMENSSIONNEMENT DU SYSTÈME DE BIBERONNAGE

Le dimensionnement complet de la chaîne de traction électrique comprend deux parties, la première concerne le dimensionnement des grandeurs de puissance vis-à-vis de la tension, du courant et de la puissance du moteur à alimenter…etc. La deuxième partie comprend le dimensionnement des convertisseurs statiques (redresseurs monophasé et triphasé, hacheur série et hacheur à stockage inductif) et leurs composants de filtrage et/ou de stockage, tels que les condensateurs et les inductances.

V.3.1 Dimensionnement des grandeurs de puissance électrique de la chaîne de traction électrique

V.3.1.1 Moteur de traction de la roue du véhicule électrique

On a considéré dans cette étude que le moteur électrique de la chaîne de traction fait partie du cahier de charge L'ensemble des caractéristiques de cet actionneur est récapitulé dans l'annexe (I).

On note que la tension nominale du moteur électrique étudié est de 750V, et son courant nominal absorbé par l'induit est de 350A. Ce même moteur supporte un courant maximal de 650A;

Pour ne pas surdimensionné le pack de supercondensateurs, on a supposé que le moteur absorbe au démarrage un courant maximal de 650A dont une partie de 300A est fournie par le pack de supercondensateurs, et les 350A restant sont délivrés par le réseau d'alimentation.

V.3.1.2 Pack de supercapacités :

A partir des caractéristiques du MCC, on a choisi une tension fournie par le pack de supercapacités de 850V (qui est comprise entre la tension nominale et la tension maximale de l'induit (voir annexe I)), un courant de charge choisi à partir de temps de charge entre deux arrêts (dans cette étude on a considéré titre d'exemple un temps de charge t_{ch}=180s à courant de charge constant (i_{ch}=29A), et si en en néglige les pertes dans la résistance de pack de supercapacités et en considèrent que la tension minimale calculer à partir d'une tension minimale d'un élément de suparcapacité égale à 400V donc le courant de décharge maximal est de i_{dchmax}=700A avec un temps de décharge t_{dch}=10s, pour assurer le démarrage du moteur à courant constant.

V.3.2 Dimensionnement du hacheur à stockage inductif :

Le convertisseur DC-DC à stockage inductif qui est un hacheur survolteur/dévolteur, est représenté par le schéma de la figure suivante

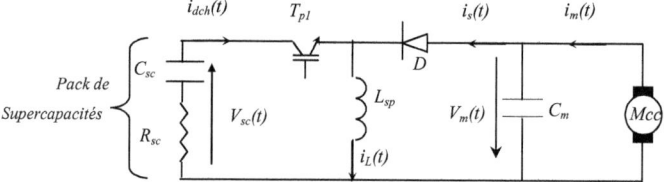

Fig.V.2 Pack de supercapacités alimente un MCC au démarrage via un convertisseur à stockage inductif

• *Dimensionnement du condensateur de filtrage du bus continu*

A partir du cahier des charge imposé (caractéristiques du moteur à courant continu), on peut calculer la valeur de la capacité de filtrage C_m.

La valeur à donner à C_m découle de l'ondulation maximale ΔV_m de la tension de sortie que l'on admet pour le courant de sortie nominal $i_m(t)$ lorsque le taux de hachage α est maximum. Soit la valeur minimale de la capacité du condensateur qui est donc donnée par la relation suivante [33][38][39][40]:

$$\Delta V_{max} = \frac{\alpha \, i_m(t)}{f_r C_m} \qquad (V.1)$$

Pour un courant absorbé à partir du système de biberonnage par le moteur au démarrage; égal à $i_m(t)$=300A, et des ondulations maximales égales 15% de la tension au bornes du condensateur (c'est à dire aux bornes du moteur) qu'on choisi égale à 850V (une valeur comprise entre 500 et 900), et avec une fréquence de hachage f_{sp}=600Hz., on peut déduire la capacité de filtrage C_m=2450µF.

- *Calcul de la valeur minimale de l'inductance de stockage du hacheur série-parallèle*

Une valeur faible de L_{sp} conduit à une importante ondulation des différents courants augmentant la valeur maximale du courant que les interrupteurs T_{p1} et D doivent pouvoir supporter et que T_{p1} doit couper. D'autre part la réduction de L_{sp} élargit la zone à conduction discontinue où la tension de sortie varie fortement en fonction du courant débité et où les tensions aux bornes des interrupteurs bloqués prennent des valeurs très élevées.

En revanche une valeur élevée de l'inductance rend cet élément volumineux et coûteux, et ralentit l'adaptation du courant $i_L(t)$ aux variations du courant de charge $i_m(t)$, diminuant ainsi
la dynamique de réponse de l'alimentation.

En général, l'inductance minimale de stockage de l'énergie est calculée d'après la relation suivante [33][38] :

$$L_{sp} = \frac{\alpha V_{sc}(t)}{(\Delta i_{Lsp})_{max} f_{sp}} \qquad (V.2)$$

Pour une tension d'entrée du hacheur $V_{sc}(t)$=850V, le courant moyen de L_{sc} qui est la somme des courants du pack de supercondensateur $i_{ch}(t)$ et le courant délivré au moteur $i_m(t)$ (si on néglige les chutes de tension au bornes de l'interrupteur T_{p1} et aux bornes de la diode D) peut être calculé à partir du courant de décharge du pack. La conservation des puissance permet d'écrire :

$$V_{sc}(t)\, i_{dch}(t) = V_m(t)\, i_m(t) \qquad (V.3)$$

D'ou on peut tirer $i_{dch}(t)$

$$i_{dch}(t) = \frac{V_m(t)}{V_{sc}(t)} i_m(t) \qquad (V.4)$$

où :

$V_{m\_max}(t)$=900V ; $i_m(t)$=300A ; $V_{sc\_min}(t)$=500V

On note d'après(V.4) que le courant de décharge $i_{dch}(t)$=540A. Donc le courant maximal de la bobine de hacheur à stockage inductif est $i_L(t)$=840A.

Pour des ondulations de ce courant $i_L(t)$ de 10% et une fréquence de coupure f_{sp}= 600Hz., la valeur minimale de l'inductance L_{sp} est égale à 0.000843H.

V.3.3 Dimensionnement du pack de supercondensateurs

Le dimensionnement du pack de supercondensateurs consiste à déterminer le nombre d'éléments qu'il faut placer en série et en parallèle (N_s, N_p). Ce dimensionnement doit tenir compte de la quantité d'énergie que nous voulons stocker, et de la puissance maximale qui va être extraite du pack.

• *Détermination du nombre d'éléments*

La première étape de dimensionnement d'un pack de supercapacités consiste donc à déterminer le nombre de supercondensateurs élémentaires $N_{él}$ nécessaires pour fournir la demande d'énergie. En développant l'expression de celle-ci en fonction de N_s et N_p on peut déterminer le nombre d'éléments, soit [18]:

$$N_{él} = N_p N_s \qquad (V.5)$$

• *Courant et puissance dans le pack de supercondensateurs*

Le courant dans le pack de supercapacités est limité par le courant maximal admis par un élément supercondensateur [18].

$$i_{scM}(t) = N_p \, i_{élM}(t) \tag{V.6}$$

En général, la puissance instantanée du pack de supercondensateurs est donnée par :

$$P_{sc}(t) = N_{él}(V_{él}(t)i_{él}(t) - R_{él}i_{él}^2(t)) \tag{V.7}$$

Donc la puissance maximale du pack de supercondensateurs est exprimée par [18] :

$$P_{scM}(t) = V'_c(t)N_p \, i_{élM}(t) = R_{sc}N_p^2 i_{élM}^2(t) \tag{V.8}$$

$$= N_{él}(V_{él}(t)i_{élM}(t) - R_{él}i_{élM}^2(t)) \tag{V.9}$$

Avec :

V'_C : c'est la tension à vide d'un pack de supercondensateurs;

$V_{ém}$: c'est la tension à vide d'un élément supercondensateur;

$i_{él}$: c'est le courant dans un élément supercondensateur;

$i_{élM}$: c'est le courant maximal dans un élément supercondensateur;

$R_{él}$: c'est la résistance d'un élément supercondensateur.

Déterminons à partir de la relation précédente la valeur du courant dans un élément $i_{élm}(t)$ pour une puissance $P_{sc}(t)$ du pack de supercapacités. Pour cela il faut résoudre l'équation du deuxième ordre suivante en terme de $i_{él}(t)$ [18]:

$$P_{sc}(t) - N_{él}V_{él}(t)i_{él}(t) + N_{él}R_{él}i_{él}^2(t) = 0 \tag{V.10}$$

La solution (donnant le courant le plus faible) est donnée par la relation suivante :

Alors :
$$\langle i_{él} \rangle = \frac{V_{élm}(t) - \sqrt{V_{él}(t) - 4\dfrac{R_{él}}{N_{él}}}}{R_{él}} \tag{V.11}$$

$$\langle i_{sc} \rangle = N_p \langle i_{él} \rangle \tag{V.12}$$

Cette dernière équation montre que pour un type de supercondensateurs donné, le courant dans un supercondensateur du pack est uniquement fonction du nombre d'éléments qui le compose, de son état de charge et de la puissance demandée.

• *Tension nominale du pack de supercapacités*

Choisir la tension de pack équivaut à déterminer le nombre N_P des supercondensateurs placés en parallèle dans le pack. Pour une puissance donnée, l'avantage d'augmenter la tension du pack (réduction de N_S) est de limiter la valeur maximale du courant i_{sc} qui vaut au plus $N_p\, i_{élM}$. Tandis que, l'avantage de diminuer la tension du pack (augmenter N_P) est d'assurer une redondance des branches de supercondensateurs en série et de faciliter l'équilibrage de tension.

Les deux paramètres R_{SC} et C_{SC} qui identifient le modèle simplifié utilisé pour dimensionner le pack de supercondensateurs sont déterminés d'après le schéma de la figure (I.5) du premier chapitre qui représente le modèle équivalent du pack de supercondensateurs.

La tension maximale désirées aux bornes du pack de supercondensateurs est V_{SC}=850V et la tension aux bornes de l'élément de supercondensateur choisi est $V_{él}$=2.5V [14], donc le nombre des éléments en série N_s est exprimé par[18]:

$$N_S = \frac{V_{sc}(t)}{V_{él}(t)}$$
$$= \frac{850}{2.5} = 340 \ éléments \quad (V.13)$$

D'autre part le pack de supercondensateurs doit fournir un courant de décharge maximal de 540A ce qui revient à choisir en série deux branches de 340 éléments. Donc le nombre total des éléments des supercapacités est 680 éléments de ($C_{él}$=2500F, $V_{él}$=2.5V) qui supporte un courant de 400A. Ainsi la capacité équivalente du pack C_{sc} est calculée à partir de la relation (V.15), on trouve [18][10]:

$$C_{sc} = \frac{N_p}{N_s} C_{él}$$
$$= \frac{2}{340} 2500 = 14.7 F \quad (V.14)$$

Et la résistance équivalente de ce même pack est donnée par :

$$R_{sc} = R_{él} \frac{N_s}{N_p} \qquad (V.15)$$

$$= \frac{340}{2} = 170 m\Omega$$

V.3.4 Dimensionnement du hacheur série

Un convertisseur DC-DC dévolteur alimentant un pack de supercondensateurs est représenté par le schéma suivant :

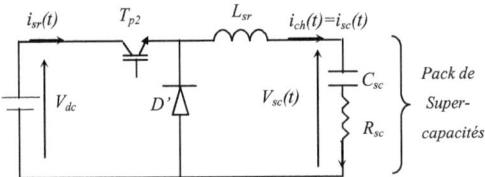

Fig.V.3 Schéma d'un hacheur série alimentant un pack de supercapacités

• *Calcul de la valeur minimale de l'inductance L_{sr} à la sortie du hacheur série*

L'ondulation de courant dans l'inductance est calculée en considérant que l'ondulation de la tension de sortie est négligeable devant sa valeur moyenne [33][38][39][40] :

$$\Delta i_{Lsr} = \frac{\alpha(1-\alpha)V_{sc}(t)}{L_{sr} f_{sr}} \qquad (V.16)$$

Cette ondulation de courant est maximale pour α=0.5 et vaut

$$(\Delta i_L)_{max} = \frac{V_{sc}(t)}{4L_{sr} f_{sr}} \qquad (V.17)$$

L'inductance de lissage L_{sr} est utilisée pour limiter l'ondulation du courant dans le convertisseur. Elle est dimensionnée en utilisant l'expression suivante [33][38] :

$$L_{sr} = \frac{V_{sc}(t)}{4(\Delta i_L)_{max} f_{sr}} \qquad (V.18)$$

Pour un courant de sortie du hacheur série (qui est le courant de charge du pack de supercondensateur, que doit supporter l'inductance) égal à 29A, et pour une ondulation maximale $(\Delta i_L)_{max}\% = 5\%$ du courant $i_{sr}(t)=29A$, une fréquence de découpage $f_{sr}=15KHz$, et une tension à la sortie du hacheur $V_{sc}(t)=850V$, on est mené à choisir une inductance de lissage $L_{sr}=0.21H$;

V.3.5 Dimensionnement des redresseurs

V.3.5.1 Cas d'un redresseur monophasé à facteur de puissance unitaire

La figure suivante illustre le schéma d'un redresseur monophasé et de son alimentation [29][35]

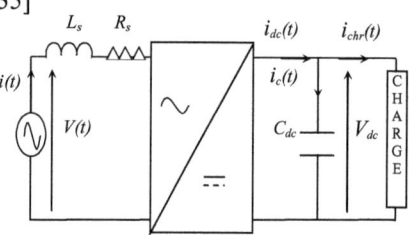

Fig.V.4 Schéma d'un redresseur monophasé et de son alimentation

La fréquence de la source d'alimentation est $f_c=50$ Hz, et sa tension efficace est $V_{eff}=415V$.

Le courant efficace de la source peut être calculé en utilisant l'expression suivante :

$$i_{eff} = \frac{P_{cc}}{V_{eff}} \qquad (V.19)$$

Pour une tension continue $V_{dc}=850V$; un courant continu $i_{dc}=29A$; la puissance $P_{cc}=V_{dc}\,i_{dc}$ est de 24.650kW et le courant efficace de la source d'alimentation est $i_{eff}=59.4A$

• *Calcul de la valeur minimale de l'inductance L_s [29][35]:*

On donne la valeur efficace de la tension d'entrée ($V_{eff}=415V$), la fréquence du réseau ($f_c=50Hz$), la tension continue à la sortie du redresseur ($V_{dc}=850V$), le courant continu à la sortie du redresseur ($i_{dc}=29A$) (qui est le courant de charge d'un pack de supercondensateur durant un temps t_{ch}), et la fréquence de découpage maximale f_{rM}=6KHz.

L'inductance L_s qui peut être celle du transformateur d'adaptation, additionnée à celle de la source, doit supporter un courant d'entrée maximal égal à : i_{max}=59.4A. La valeur minimale de l'inductance L_s peut être calculée à partir de l'ondulation maximale Δi_{max} admissible du courant de la source $i(t)$.
Si on prend $\Delta i_{max}\%$=2% de i_{max}, on obtient [29][35] :

$$L_s = \frac{V_{dc}}{4\Delta i_{max} f_{rM}} \qquad (V.20)$$

Une application numérique donne L_s=0.024H, on a pris R_s=0.1Ω dans cette étude.

V.3.5.2 Cas d'un redresseur triphasé à facteur de puissance unitaire

La figure suivante schématise un redresseur triphasé alimenté par une source d'une impédance composée d'une inductance L_s et d'une résistance R_s

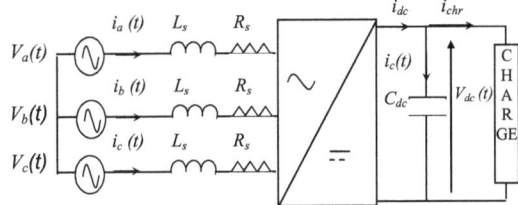

Fig.V.5 Schéma d'un redresseur triphasé et de sa alimentation

La source d'alimentation est caractérisée par une tension simple efficace $V_{a,eff}$=220V; et une fréquence f_c=50 Hz.
Le courant efficace de chaque phase est calculé en utilisant l'expression suivante :

$$i_{aeff} = \frac{P_{cc}}{\sqrt{3}V_{a,eff}} \qquad (V.21)$$

Pour une tension continue V_{dc}=850V; un courant continu i_{dc}=29A ; la puissance P_{cc}=$V_{dc} i_{dc}$ est de 24.650kW et le courant efficace de la source d'alimentation est $i_{eff}(t)$=64.7A.

• *Calcul de la valeur minimale de l'inductance L_s*

L'expression de la valeur minimale de l'inductance L_s d'une phase de la source d'alimentation du redresseur triphasé et la même que celle de l'équation (V.21). Dans ce cas le courant que doit supporter par L_s est égal à 64.7A, et de fréquence de commutation choisie est f_{rT}=4KHz.

L'inductance L_s est calculée en choisissant une ondulation maximale Δi_{max} des courants de la source $i_a(t)$, $i_b(t)$ et $i_c(t)$, $\Delta i_{max}\%$=7% de i_{max}, on trouve L_s=0.009H. On a pris R_s=0.3Ω dans cette étude.

• *Calcul de la valeur minimale de la capacité C_{dc}*

La valeur de la capacité C_{dc} est obtenue en partant d'une ondulation de tension maximale admissible à la sortie du redresseur ΔV_{dcmax}. On obtient [29][35]:

$$C_{dc} = \frac{i_L}{2\pi f_c \Delta V_{max}} \quad (V.22)$$

Pour une ondulation ΔV_{dc} inférieure à 10% de V_{dc}, la valeur minimale de C_{dc}, on trouve que C_{dcmin}=1083μF, et on à choisi une capacité à la sortie du redresseur monophasé C_{dc}=3300μF, et celle à la sortie du redresseur triphasé C_{dc}=2000μF.

V.4 CHARGE D'UN PACK DE SUPERCONDENSATEURS A COURANT CONSTANT

La figure (V.6) représente un hacheur série alimenté par un convertisseur AC-DC à commutation forcée commandé pour avoir un facteur de puissance unitaire (redresseur monophasé ou triphasé) permettant de charger un pack de supercondensateurs à courant constant.

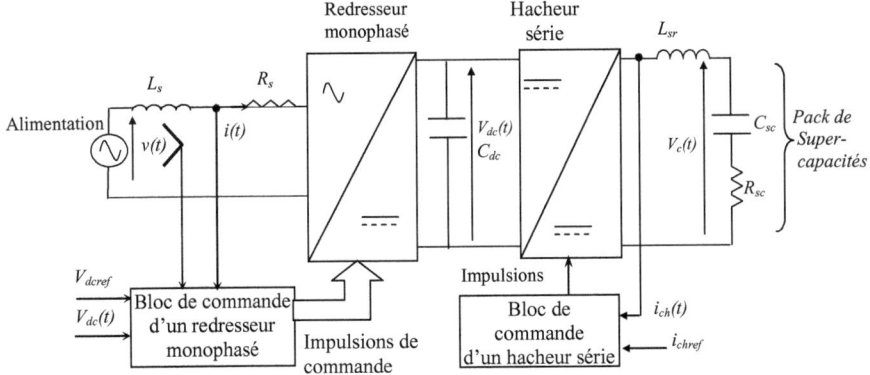

a) Cas d'un redresseur monophasé à UPF en cascade avec un hacheur série

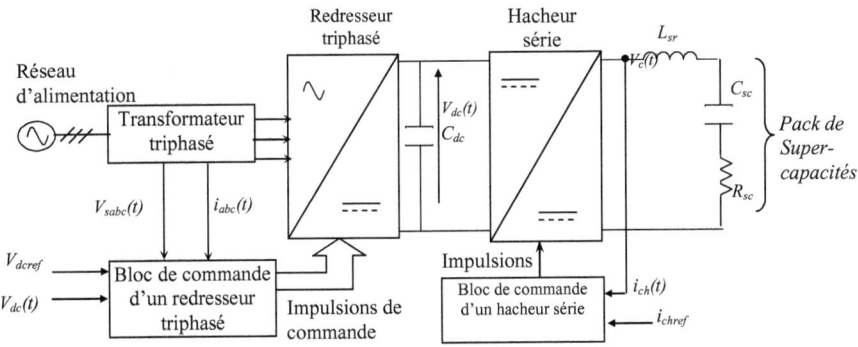

b) Cas d'un redresseur triphasé à UPF en cascade avec un hacheur série

Fig.V.6 Charge d'un pack de supercapacités à courant constant

Dans le cas du système étudié, pour charger un pack de supercondensateurs on a besoin de commander convenablement la tension de sortie et régler le facteur de puissance d'un redresseur à commutation forcée (monophasé ou triphasé) par une MLI à hystérésis, et commander en courant le hacheur série. Deux types de commande ont été étudiés :

V.4.1 Cas d'une commande du redresseur à commutation forcée et du hacheur série par une MLI à hystérésis :

Dans ce cas on utilise la MLI à hystérésis pour commander les interrupteurs du redresseur (présenté au chapitre II) pour avoir un facteur de puissance unitaire et une tension constante à sa sortie. Pour le hacheur série, on utilise une commande en courant (la commande à hystérésis présenté au chapitre III), pour charger lentement le pack de supercondensateurs à courant constant pendant un temps de charge relativement long.

Dans cette section, on présente des résultats de simulation (voir figures (V.7) (V.8)) et lors de la charge à courant constant d'un pack de supercondensateurs à travers un redresseur (monophasé et triphasé) à commutation forcée, commandé pour avoir un facteur de puissance unitaire, en cascade avec un hacheur série commandé en courant.

La figure (V.7.a) représente la tension aux bornes du pack de supercondensateurs lors de la charge à courant constant (entre deux arrêts successif d'un véhicule électrique) à partir d'une valeur initiale de 713V jusqu'à une tension 850V pendant un temps de 84s. D'autre part, la figure (V.7.b) représente le courant de charge du pack qui oscille légèrement autour de sa référence de 29A. De plus, la figure (V.7.c) représente la tension redressée $V_{dc}(t)$ à la sortie d'un redresseur monophasé à UPF, le courant d'alimentation, et sa référence. Enfin la figure (V.7.d) montre un zoom d'une partie du courant d'alimentation avec sa référence pour montrer qu'il sont effectivement en phase avec la tension d'alimentation.

Les mêmes remarques peuvent être avancées dans le cas d'une alimentation via un redresseur triphasé à UPF (voir les résultats de simulations qui sont représentés par la figure(V.8)).

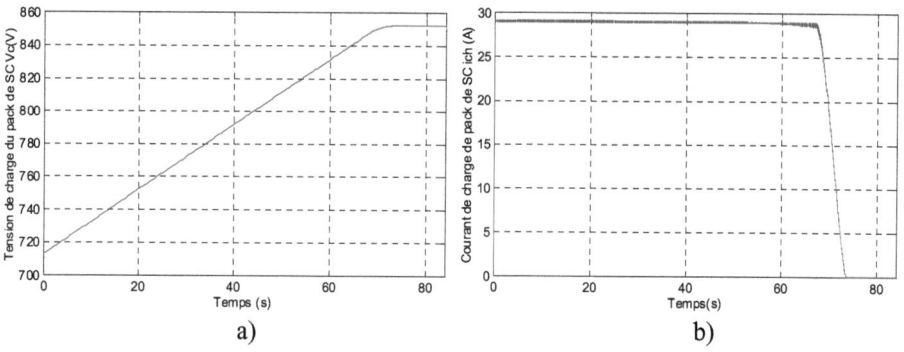

a) b)

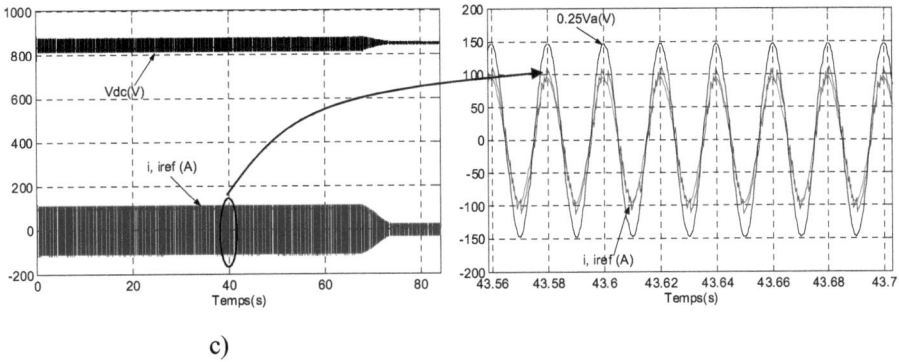

c)

Fig. V.7 Résultats de simulation de la charge à courant constant d'un pack de supercapacités par un redresseur monophasé à UPF en cascade avec un hacheur

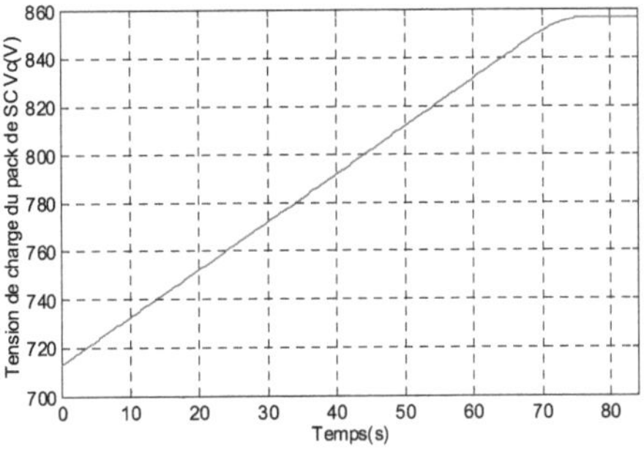

a)

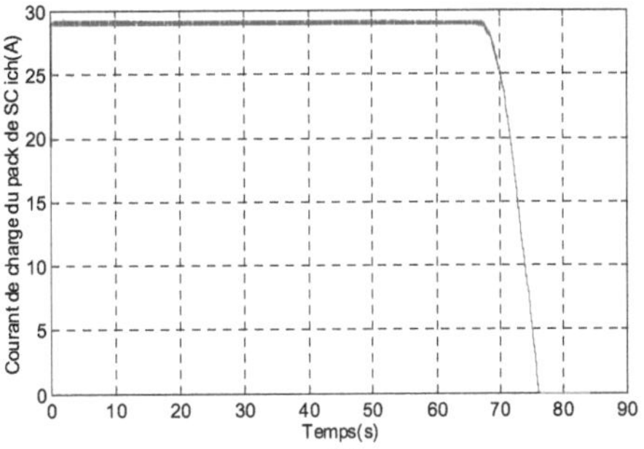

b)

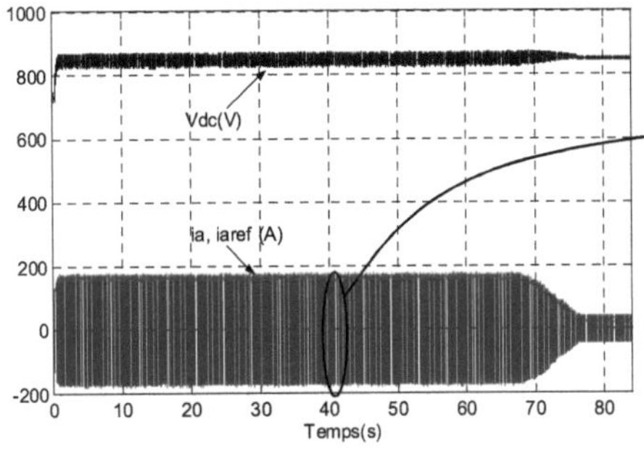

c)

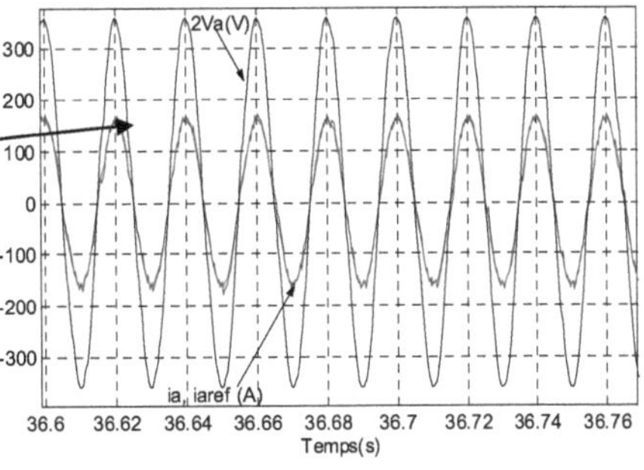

d)

Fig. V.8 Résultats de simulation de la charge à courant constant d'un pack de supercapacités par un redresseur triphasé à UPF en cascade avec un hacheur

V.4.2 Cas d'une commande floue du redresseur à commutation forcée et du hacheur série

La figure suivante représente un système permettant la charge d'un pack de supercondensateurs, constitué d'un redresseur (monophasé ou triphasé) à commutation forcée dont le facteur de puissance est corrigé par un régulateur flou, en cascade avec un hacheur série à commande floue

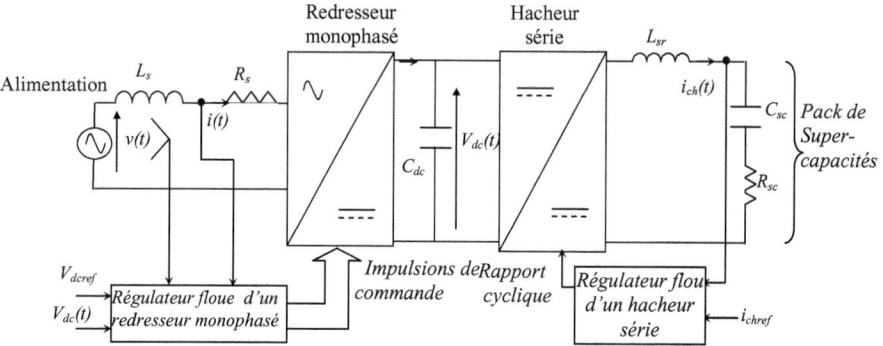

a) Cas d'une alimentation via un redresseur monophasé à UPF en cascade avec un hacheur série commandés par des régulateurs flous

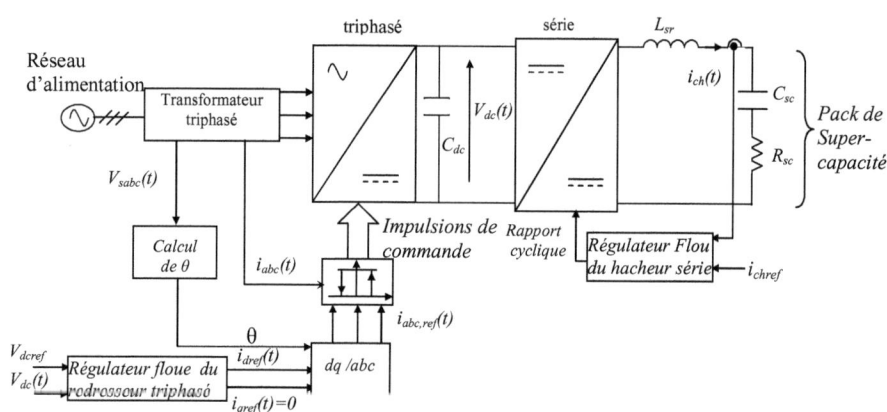

b) Cas d'une alimentation via un redresseur triphasé à UPF en cascade avec un hacheur série commandés par

Fig. V.9 Charge d'un pack de supercapacités à courant constant.

Les figures (V.10) et (V.11) illustrent la charge d'un pack de supercondensateurs à courant constant, alimenté par une cascade d'un redresseur (monophasé ou triphasé) à un facteur de puissance unitaire commandé par un régulateur flou, et d'un hacheur dévolteur commandé aussi par un PI flou.

La première courbe (voir figure V.10.a) représente la tension aux bornes du pack qui se charge à partir d'une valeur initiale de 713V jusqu'à une valeur finale de 850V. Et la deuxième courbe (voir figure V.10.b) montre l'allure du courant de charge convenablement ajusté par le régulateur flou de l'hacheur pour poursuivre où sa référence de 29A. La figure (V.10.c) représente la tension redressée, le courant d'alimentation et sa référence. Un zoom d'une partie de ces deux courants, et la tension d'alimentation est illustré par la figure (V.10.d). L'évolution du rapport cyclique du hacheur série est représentés par la figure (V.10.e), et un zoom de ce rapport cyclique est montré par la figure (V.10.f).

Les mêmes remarques peuvent être notées dans le cas d'une charge d'un pack de supercapacités à courant constants via un redresseur triphasé à UPF en cascade avec un hacheur série, (voir figures (V.11)).

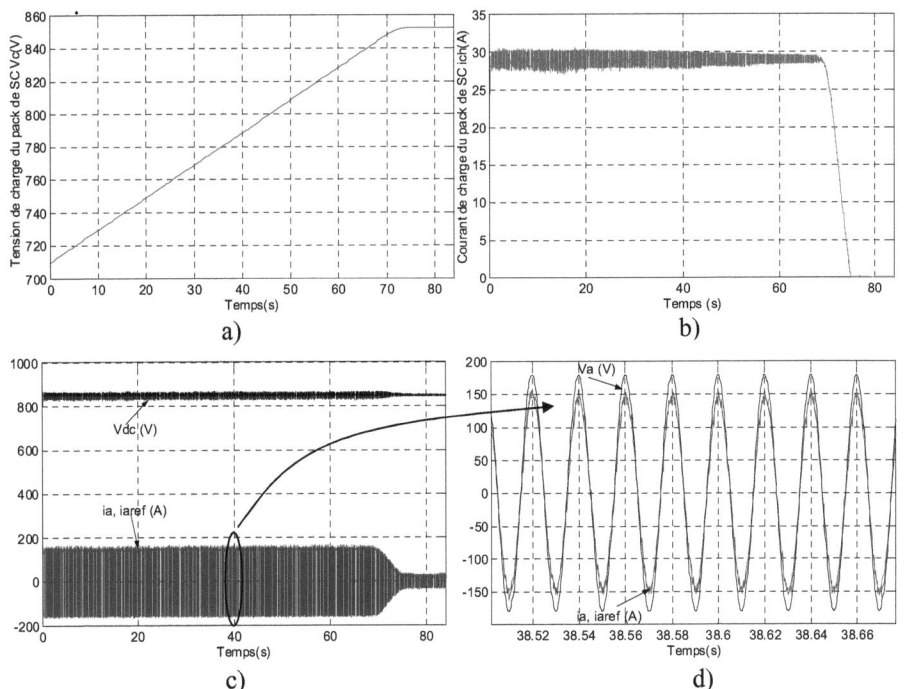

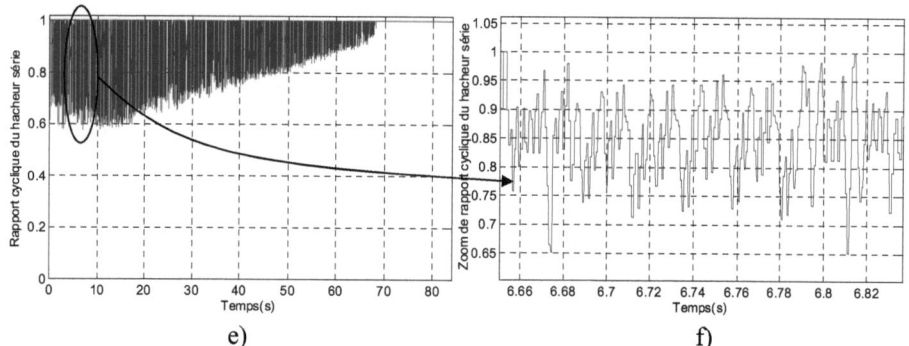

e) f)

Fig. V.10 Résultats de simulation de la charge à courant constant d'un pack de supercapacités alimenté par une cascade d'un redresseur triphasé à UPF et d'un hacheur série commandés par des régulateurs flous

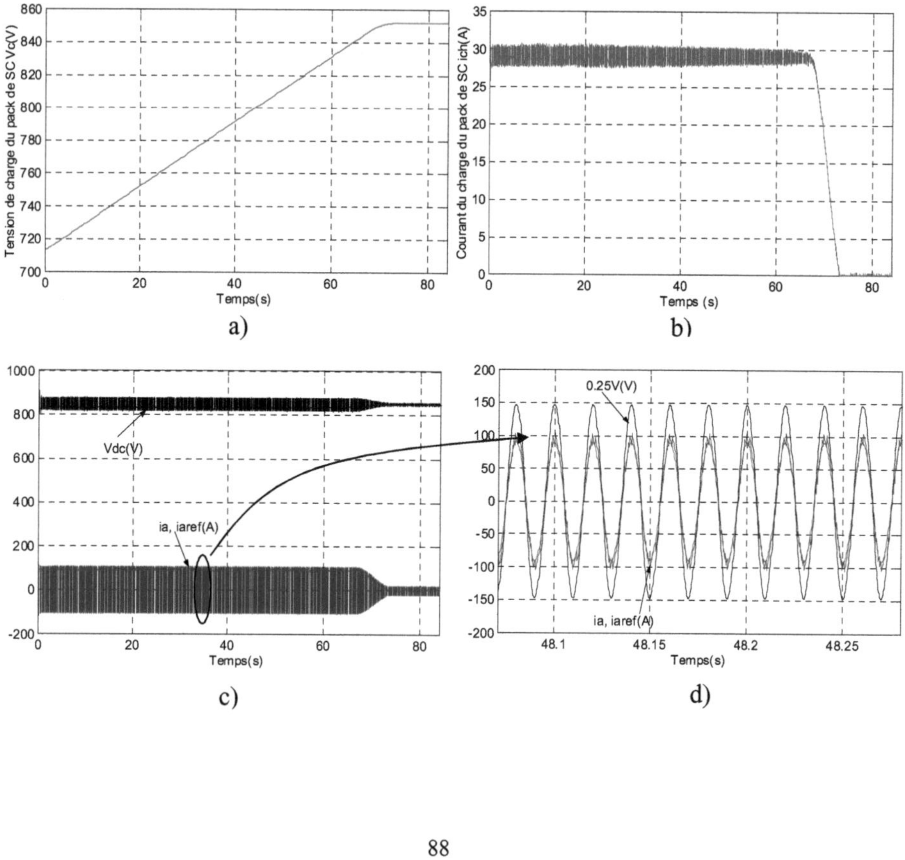

a) b)

c) d)

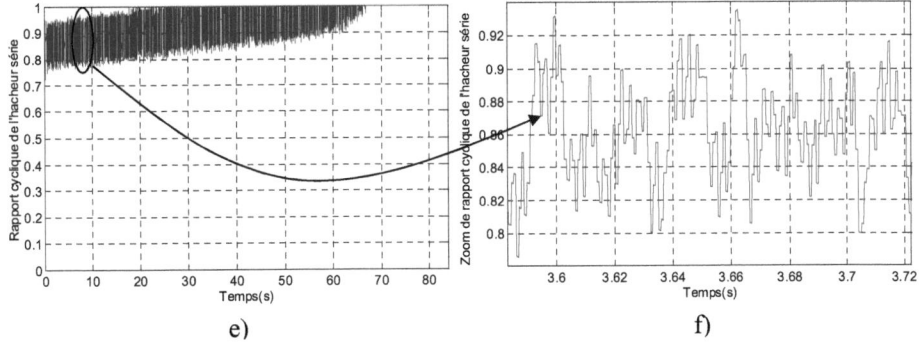

Fig. V.11 Résultats de simulation de la charge à courant constant d'un pack de supercapacités alimenté par une cascade d'un redresseur monophasé à UPF et d'un hacheur série commandés par des régulateurs flous

V.5 ÉTUDE D'UN CYCLE DE FONCTIONNEMENT D'UN SYSTÈME DE BIBERONNAGE SUPERCAPACITIF D'UN MOTEUR A COURANT CONTINU AU DÉMARRAGE

Comme dans le cas de la charge d'un pack de supercondensateurs, on applique les deux techniques présentées précédemment pour étudier un cycle de charge et de décharge. Le système de biberonnage étudié est constitué aussi un hacheur à stockage inductif pour décharger le pack de supercondensateurs pour biberonner d'un moteur à courant continu au démarrage.

La figure (V.12) représente une association d'un convertisseur AC-DC (redresseur monophasé ou triphasé à commutation forcée) à un facteur de puissance unitaire contrôlé par MLI à hystérésis. Un convertisseur DC-DC (hacheur série) lui est monté en cascade pour assurer la charge lente à courant constant du pack de supercondensateurs. Ensuite, on trouve dans la chaîne de biberonnage un deuxième convertisseur DC-DC (hacheur à stockage inductif) qui permet une décharge rapide du pack de supercondensateurs à courant fort et constant pour le biberonner un moteur à courant continu d'une traction électrique au démarrage.

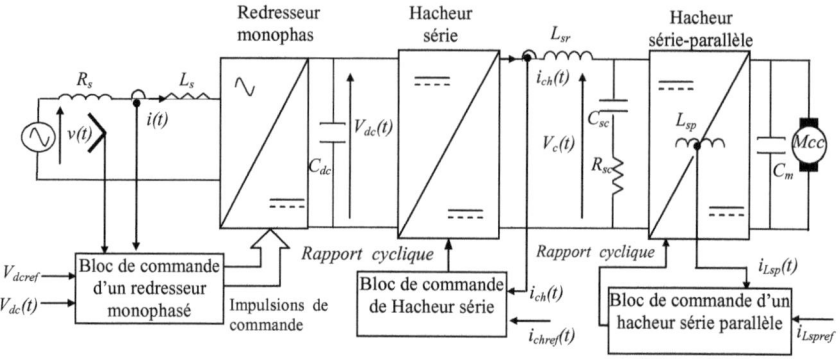

a) Cas d'une alimentation via un redresseur monophasé à UPF

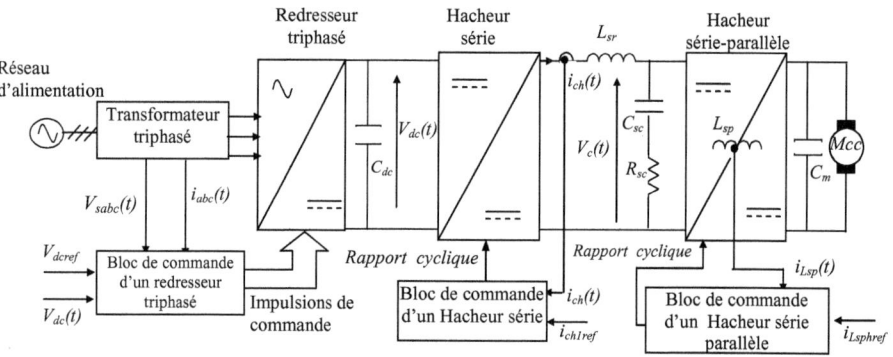

b) Cas d'une alimentation via un redresseur triphasé à UPF

Fig. V.12 Schéma d'un système de biberonnage du MCC d'un véhicule électrique via un hacheur série-parallèle par un pack de supercapacités alimenté par un redresseur AC-DC à UPF en cascade avec un hacheur série

V.5.1 Cas d'une commande par MLI à hystérésis des convertisseurs statiques AC-DC et DC-DC.

Les figures (V.13) et (V.14) représentent un cycle de fonctionnement complet de système de biberonnage (charge lent du pack de supercondensateurs au bout de 84s suivie d'une décharge pour le biberonnage d'un moteur à courant continu d'une traction électrique par un courant de 300A au démarrage au bout de 6s. pour cela le pack de supercondensateurs délivre un courant moyen maximal de 540A, afin que le courant moyen à la sortie du hacheur à stockage inductif soit égal à 300A (ajouté à un courant de 350A soutiré du réseau) pour assurer le démarrage du moteur par un courant maximal de 650A.

Sur la figure (V13.a), on remarque que le pack de supercondensateurs se décharge après l'étape de charge lente qui dure 84s. La tension aux bornes du pack de supercapacités à la fin de l'opération de charge est de 850V. Celle-ci diminue jusqu'à une la valeur de 713V pendant un temps de démarrage du moteur à courant continu supposé égal à 6s. La figure (V.13.b) montre le courant de charge, et la figure (V.13.c) illustre la tension redressée à la sortie d'un redresseur monophasé qui suit sa référence, le courant d'alimentation du réseau et sa référence. Un zoom d'une partie de la figure précédente montre le déphasage entre la tension et le courant d'alimentation qui est pratiquement nul(voir figure (V.13.d)).

D'autre part, la figure (V.13.e) montre de courant du la bobine du hacheur à stockage inductif, une partie de celui-ci (300A) est délivrée au moteur pour assurer son démarrage. Un zoom de ce courant est représenté sur la figure (V.13.f).

Les mêmes remarques notées précédemment restent valables dans les cas d'une alimentation via un redresseur triphasée du système de biberonnage du moteur au démarrage (voir figure (V.14)).

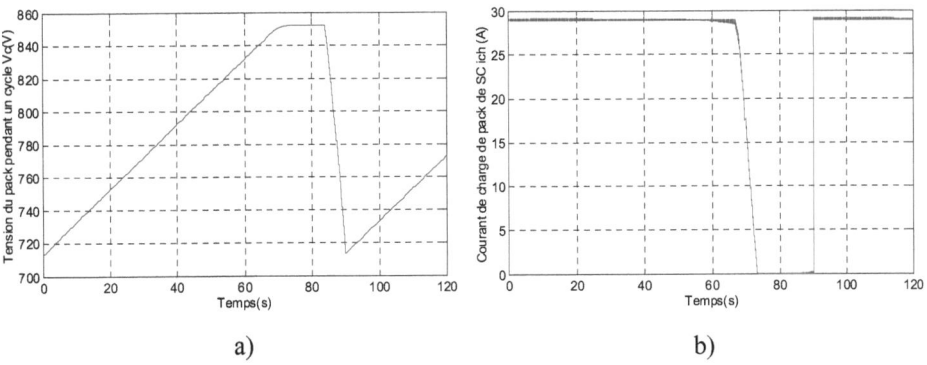

a)   b)

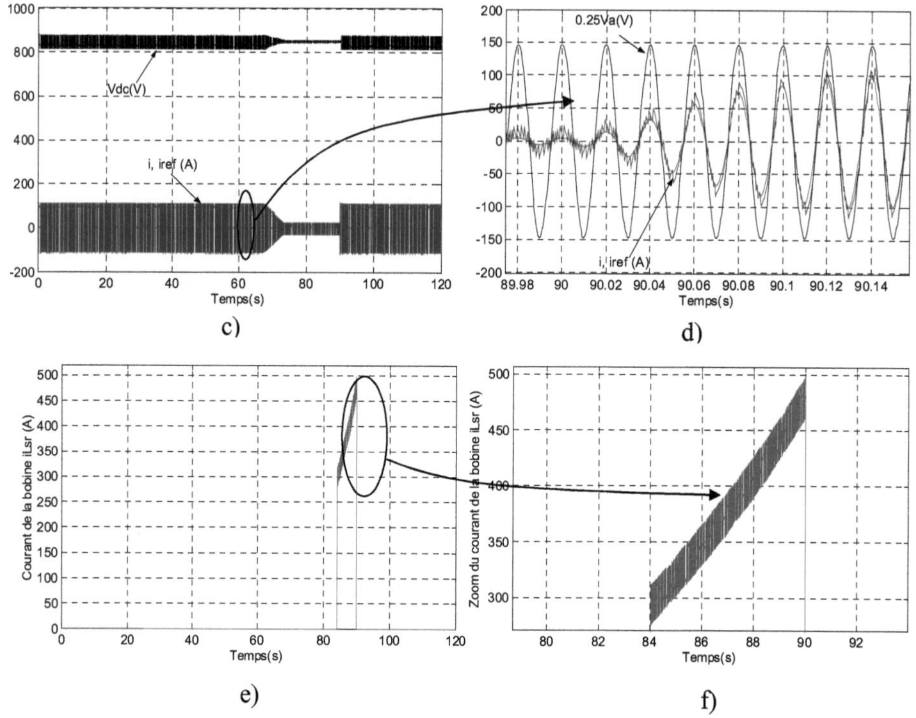

Fig. V.13 Résultats de simulation d'un cycle de charge et de décharge d'un pack de supercapacités alimenté via un redresseur monophasé à UPF

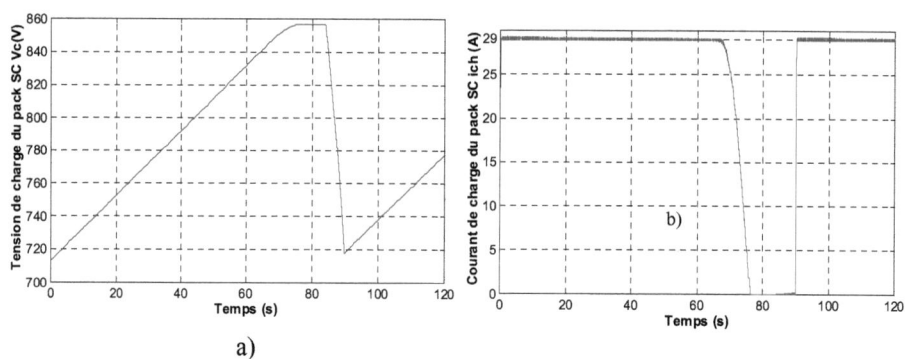

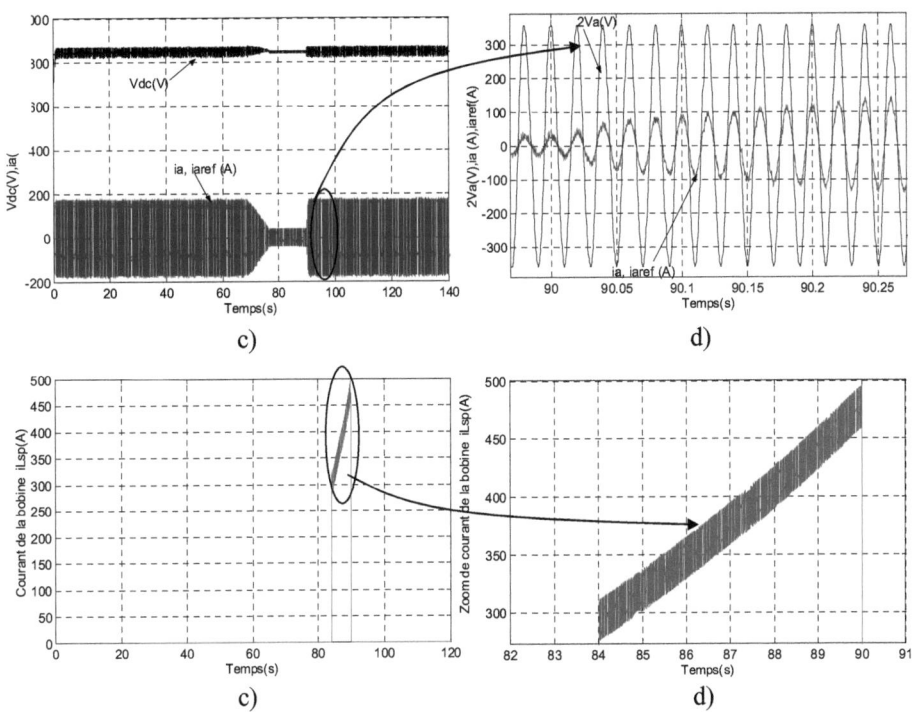

Fig.V.14 Résultats de simulation d'un cycle de charge et de décharge d'un pack de supercapacités alimenté via un redresseur triphasé à UPF

V.5.2 Cas d'une commande floue des convertisseurs statiques AC-DC et DC-DC

La figure (V.15) présente une association composée d'un convertisseur AC-DC (redresseur monophasé ou triphasé à commutation forcée) à facteur de puissance unitaire, d'un convertisseur DC-DC (hacheur série) qui assurer la charge lente d'un pack de supercondensateurs à courant constant, et d'un deuxième convertisseur DC-DC (hacheur à stockage inductif) qui permet la décharge rapide à courant constant et fort (biberonnage) du pack de supercondensateurs pour faire démarrer par biberonnage un moteur à courant continu entraînant la roue d'un véhicule électrique.

Dans ce cas les trois convertisseurs statiques du système de biberonnage sont commandés en courant par la logique floue.

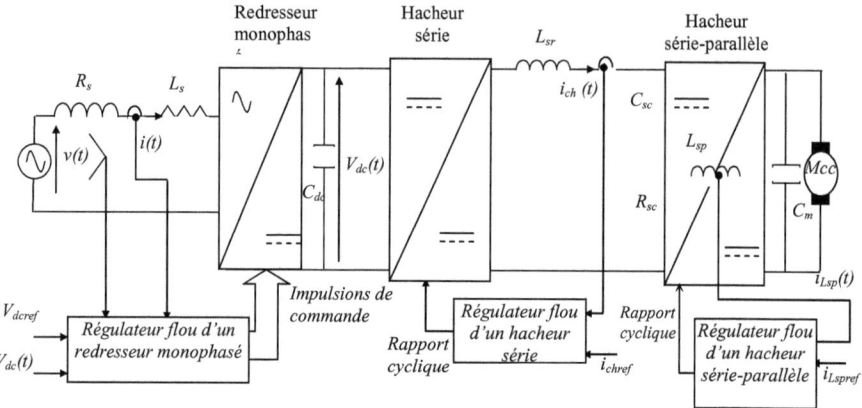

a) Cas d'une alimentation via un redresseur monophasé à UPF

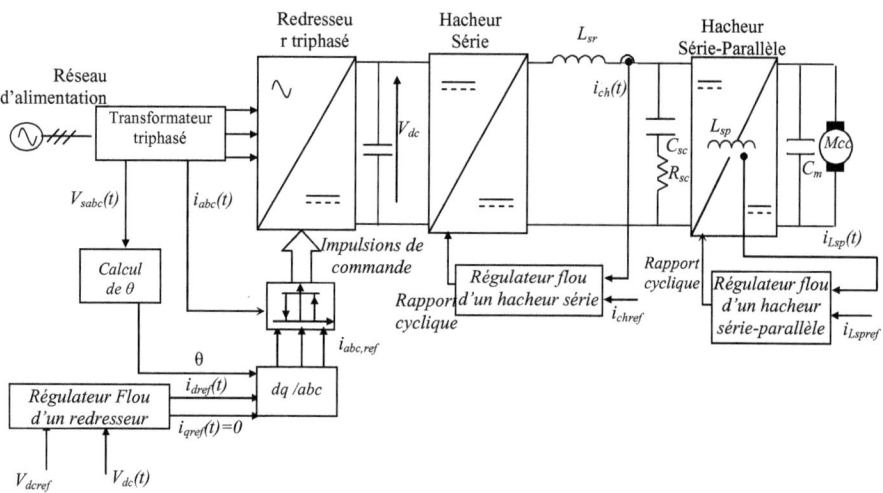

b) Cas d'une alimentation via un redresseur triphasé à UPF

Fig. V.15 Schéma d'un système de biberonnage d'un MCC entraînant un véhicule électrique via un hacheur série-parallèle par un pack de supercapacités alimenté par un redresseur AC-DC à UPF en cascade avec un hacheur série commandés par des régulateurs flous

V.5.3 Résultats de simulation et discussion

Les figures (V.16) et (V.17) représentent un cycle complet de charge, et de décharge d'un pack de supercondensateurs utilisé pour le biberonnage d'un moteur à courant continu d'une traction électrique au démarrage par un courant de 300A.

En effet, d'après la figure (V.16.a), on remarque que le pack de supercondensateurs se charge à courant constant (29A) au bout de 84s, d'une tension de 713V à 850V, puis se décharge à courant constant (300A) de 850 à 713V pendant un temps de démarrage de 6s. La figure (V.16.b) montre l'évolution du courant de charge commandé par un hacheur série, et la figure (V.16.c) illustre la tension redressée à la sortie du redresseur monophasé et le courant d'alimentation du réseau avec sa référence. Le zoom d'une partie de la figure précédente montre un déphasage quasiment nul entre la tension et le courant d'alimentation (voir figure (V.16.d)).

Le rapport cyclique du hacheur série commandé par la logique floue est représenté par la figure (V.16.e). Un zoom d'une partie de l'évolution de ce rapport cyclique est représenté par la figure (V.16.f). De même, l'évolution du rapport cyclique du hacheur à stockage inductif commandé par la logique floue est illustrée par les deux figures (V.16.g) et (V.16.h).

D'autre part, la figure (V.16.i) montre, que le courant de la bobine du hacheur à stockage inductif est ajusté par le hacheur pour délivrer un courant de 300A au moteur pour assurer le démarrage, et la figure (V.16.j) montre le zoom de ce même courant.

Enfin, les mêmes remarques observées sur les figures (V.17) dans le cas d'une alimentation par un redresseur triphasé commandé par la logique floue, sont les même qu'ont été notées à partir des figures (V.16).

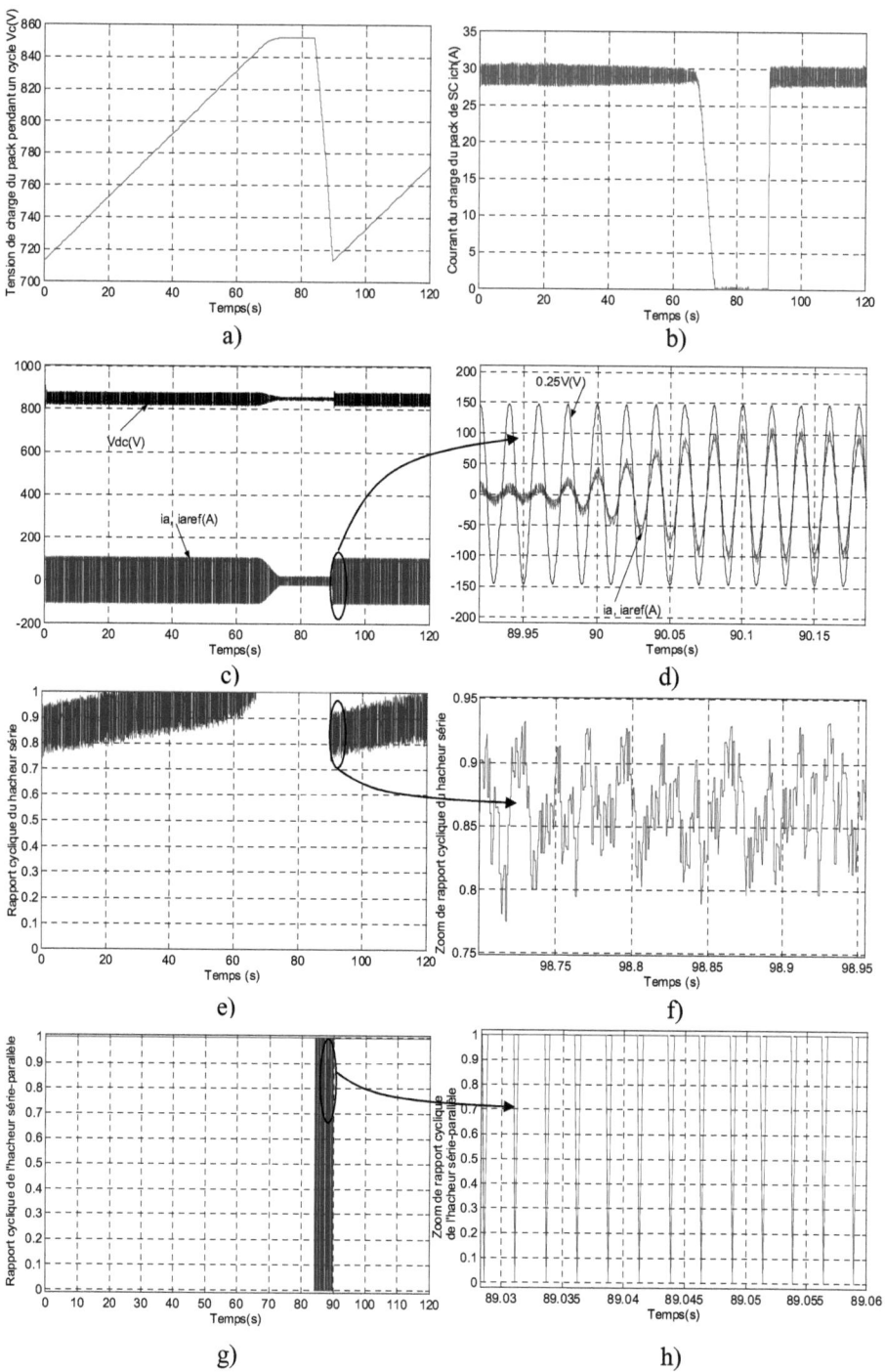

i)

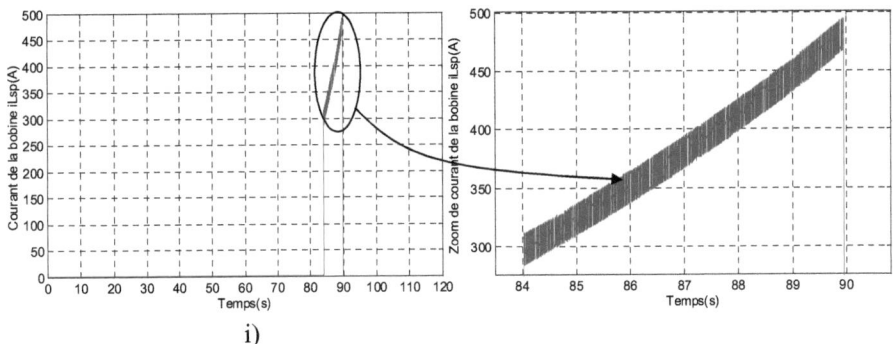

Fig. V.16 Résultats de simulation d'un cycle de charge et de décharge d'un pack de supercapacités alimenté via un redresseur monophasé à UPF commandé par la logique floue

a)

b)

c)

d)

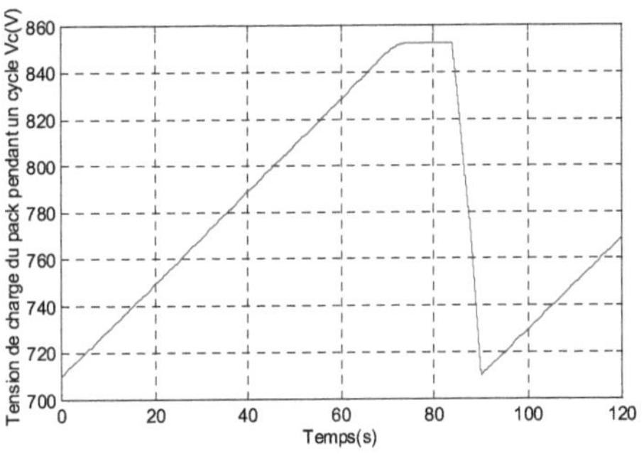

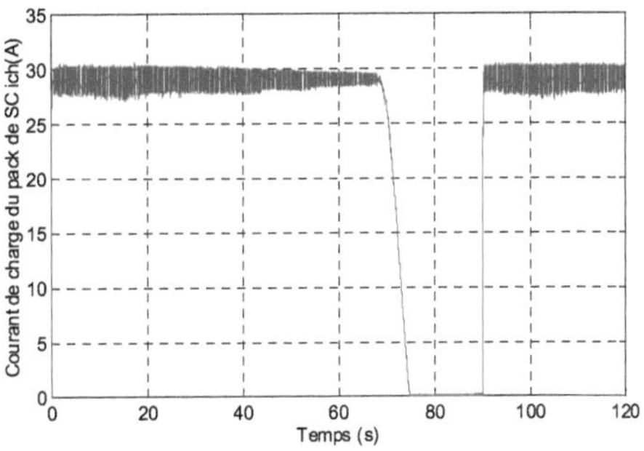

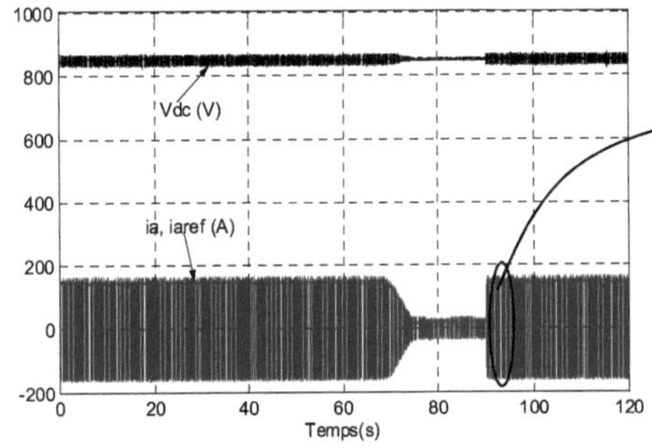

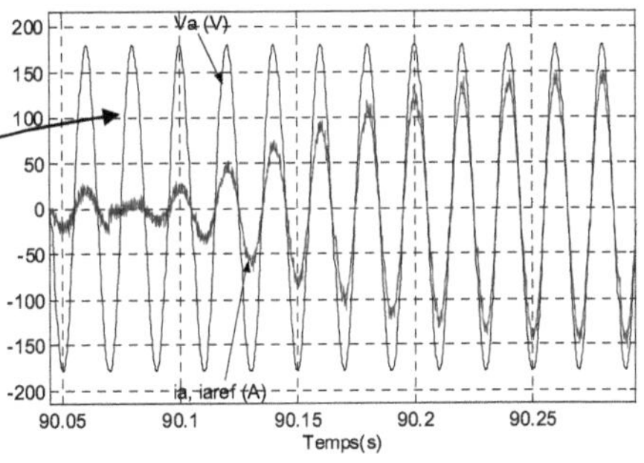

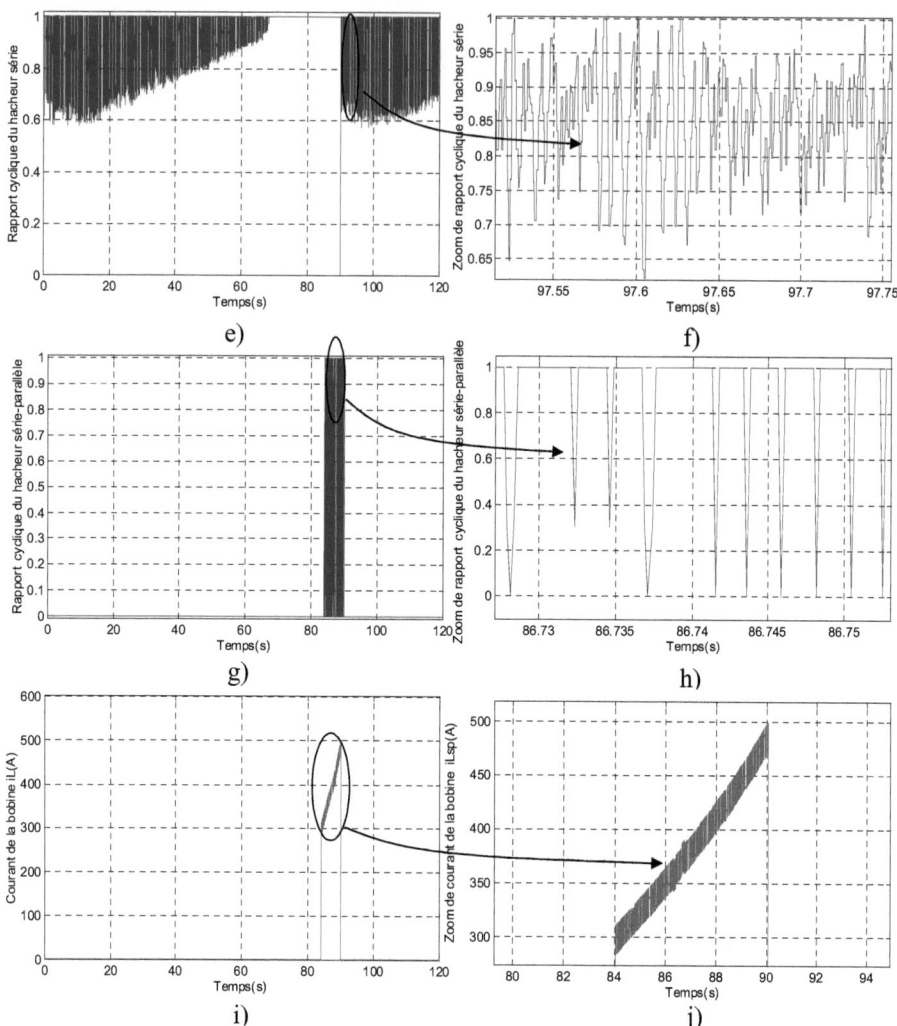

Fig. V.17 Résultats de simulation d'un cycle de charge et de décharge d'un pack de supercapacités alimenté via un redresseur triphasé à UPF commandé par la logique floue

V.6 CONCLUSION

Dans ce chapitre on a présenté le dimensionnement des différentes parties d'un système de biberonnage au démarrage d'un moteur à courant continu entraînant la roue d'un véhicule électrique). Les redresseurs monophasé et triphasé à commutation forcée et les hacheurs de type série et de type série-parallèle (à stockage inductif) utilisés dans ce système on été commandés par deux techniques de commandes, la MLI à hystérésis et la logique floue.

Des résultats de simulation d'un cycle de charge lente et de décharge rapide d'un pack de supercondensateurs ont été présentés et ont montré l'efficacité du système proposé.

CONCLUSION GÉNÉRALE

De façon générale, cette étude a mis en évidence l'intérêt de l'application des nouveaux composants de stockage (les supercondensateurs) qui permettent d'envisager aujourd'hui de nouveaux concepts pour l'alimentation par biberonnage des véhicules électriques.

De plus, et à l'issue de ce travail, on a noté qu'une sous-station constituée d'un pack de supercondensateurs pour le stockage d'énergie électrique peut être utilisée, pour compenser les chutes de tension ohmiques lors d'un appel fort de courant, handicape des systèmes d'alimentation à courant continu.

Ainsi, un dispositif à base de supercondensateurs utilisés pour le stockage d'énergie électrique offre la possibilité de réaliser un système de biberonnage électrique à travers des convertisseurs statiques permettant le conditionnement d'énergie pour assurer le transfert d'énergie entre le réseau et le pack d'une part et entre le pack et le moteur entraînant le véhicule électrique d'autre part.

Les convertisseurs statiques utilisés pour assurer la première conversion d'énergie de type alternatf-continu est un redresseur monophasé ou triphasé à commutation forcée commandé par une MLI à hystérésis de façon à avoir un facteur de puissance proche de l'unité (ce qui permet d'éviter la pollution du réseau électrique par les harmoniques), et délivrer une tension continue constante permettant de charger lentement un pack de supercondensateurs à courant de charge constant à travers un autre convertisseur de type DC-DC (hacheur série) commandé en courant.

D'autre part un troisième convertisseur (hacheur à stockage inductif) commandé en courant a été utilisé pour assurer la décharge rapide du pack de supercondensateurs pour le biberonnage d'un moteur à courant continu au démarrage.

Des résultats de simulation d'un système de biberonnage supercapacitif qui a été judicieusement dimensionné, ont été présentés et discutés, ce qui a montré la faisabilité de la solution apportée.

Par ailleurs, une technique de l'intelligence artificielle (la logique floue) à été utilisée avec succès pour commander les différents types des convertisseurs statiques à savoir un redresseur à facteur de puissance unitaire, un hacheur série (abaisseur), et un hacheur à stockage inductif (série-parallèle). Ce qui permet de soulager le fonctionnement de ces convertisseurs en limitant leur fréquence de commutation.

En Plus, plusieurs perspectives peuvent être évoquées autour de ce travail à savoir :.

- Etude de cas de convertisseurs DC-DC réversible pour les entraînements, permettant la réinjection de l'énergie de freinage;
- Généraliser l'étude au cas des véhicules équipés par des packs de supercondensateurs utilisés lors du fort-appel de courant (cas d'une accélération ou d'une montée à grande pente,...etc).
- Envisager le stockage de l'énergie solaire (source photovoltaïque) dans un pack de supercapacités, pour alimenter par biberonnage, ensuite un entraînement électrique quelconque.

ANNEXE I
PARAMETRES DE L'ELEMENT DE SUPERCONDENSATEUR UTILISÉ [19].

Tension maximale	V_{c_max} = 2.5V
Capacité à tension maximale	C_{max} = 2500F
Résistance série	$R_{élém}$ = 1mΩ
Courant maximal	i_{max} = 400A

ANNEXE II
CARACTERISTIQUES D'UN MOTEUR A COURANT CONTINU DE TRACTION [60].

MOTEUR DE TRACTION	
Type	TAO673V1
Tension nominale	750V
Courant nominal induit	350A
Courant nominal inducteur	21A
Puissance continue sur l'arbre	235kW
Vitesse maximale	2810 tr/min
TENSION D'ALIMENTATION EN LIGNE	
Tension continu moyenne on ligne en l'absence de récupération	750V
Tension continu maximale on ligne en récupération	850V
Valeur nominale	750V
Plage de variation	500V-900V
EN TRACTION	
Tension de fonctionnement en traction	500V-900V
Courant maximum en traction	650A
Fréquence nominale de découpage	600Hz
EN FREINAGE ÉLECTRIQUE	
Tension de sortie	850V
Courant maximum	380A

References Bibliographies

[1] A. Rufer, P. Barrade, *"Current Capability and Power Density of Supercapacitors considerations on Energy Efficiency"*, In Procceding of EPE 2003, ISBN : 90-75815-07-7P, Toulouse, France.2003.

[2] A. Rufer, P. Barrade, D. Hotellier, "Supercondensateurs Et Stockage D'energie, Solution Pour L'alimentation En Bout De Ligne Des Transports Publics ", Bulletin SEV/VSE 7/03 ; pp. 21-24, 2003

[3] A. Rufer, P. Barrade, *"Stockage D'énergie Électrique Par Super-Condensateurs "*, Bulletin de l'Association Suisse des Electriciens et de l'Association des entreprises électriques suisses (ASE/AES), No. 7, 28 March, pp. 27-31.

[4] A. Djerdir, K. Elkadri, A. Miraoui, "Alimentation Par Biberonnage Solaire Photovoltaïque D'une Chaîne De Motorisation Electrique", In Procceding of ICEE03, Algérie, 2003..

[5] A. Rufer, "Power-Electronic Interface for a Supercapacitor-Based Energy-Storage Substation in DC-Transportation Networks", In Procceding of EPE 2003, ISBN : 90-75815-07-7P, Toulouse, France.2003.

[6] A. Rufer, P. Barrade,: *"Supercapacitor-Based Energy-Storage System For Elevators With Soft Commutated Interface, Industry Applications"*, IEEE Transactions on industry applications, Vol:38 N°.5, pp.1151-1159, September/October 2002

[7] E.D. Napoli, F.G. Capponi, L. Solero, *"Power Converter Arrangements With Ultracapacitor Tank For Battery Load Levelling In EV Motor Drives"*, In Procceding of EPE, pp.1-8, September 1999.

[8] P. Barrade, A. Rufer, *"Maquette De Train Alimente Par Biberonnage : Un Outil D'enseignement Et De Recherche Pluridisciplinaire"*, CETSIS-EEA, Centre des Congrès Pierre-Baudis, .pp.13-14, Toulouse, France, Novembre 2003

[9] E. Planchais, F. Tertrais, *"Supercondensateurs : Applications Et Environnement"*, Forum énergies 2001 du 4 au 7 décembre, pp.1-8

[10] A. Rufer, D. Hotellier, P. Barrade, *"A Supercapacitor-Based Energy-Storage Substation for Voltage-Compensation in Weak Transportation Networks"*, IEEE Power Tech Conference, 23-26 June, Bologna, Italy, 2003.

[11] B. Destraz, *"Utilisation Du Stockage Supercapacitif Dans Le Domaine Traction"*, Bulletin de l'Association Suisse des Electriciens et de l'Association des Entreprises Electriques suisses (ASE/AES), N° 3, 13 February , pp. 19-26.

[12] P. Barrade, D. Hotellier, A. Rufer, *"Apport Des Supercondensateurs Dans Le Transport Terrestre : Une Meilleure Gestion De L'énergie "*, Colloque Transport Terrestre Électrique, 25 April, Belfort, France.

[13] D. Casadei, G. Grandi, C. Rossi, *"A Supercapacitor-Based Power Conditioning System For Power Quality Improvement And Uninterruptible Power Supply Industrial Electronics"*, Proceedings of the IEEE International Symposium on ISIE, Vol.4 , 8-11 pp.1247-1252 July 2002

[14] A. Lohner, W. Evers, *"Intelligent Power Management Of A Supercapacitor Based Hybrid Power Train For Light-Rail Vehicles And City Busses Power Electronics Specialists "*, In Proceedings of Conference PESC IEEE 35th Annual , Vo.1, 20-25, pp.672-676, June 2004.

[15] P. Barrade, A. Rufer,"*Considerations On The Energy Efficiency Of A Supercapacitive Tank*", MAGLEV: International Conference on Magnetically Levitated Systems and Linear Drives, Lausanne, Switzerland, 3-5 September 2002.

[16] P. Barrade, S. Pittet, A. Rufer, "*Series Connection Of Supercapacitors, With An Active Device For Equalizing The Voltages*", In the poceeding of International Conference on Power Electronics, Intelligent Motion and Power Quality (PCIM), Nürnberg, Germany, 6-8 June2000.

[17] P. Barrade, "*Energy Storage And Applications With Supercapacitors*", In the proceeding of Associazione Nazionale Azionamenti Elettrici (ANAE), 14° Seminario Interattivo, Azionamenti elettrici: Evoluzione Tecnologica Problematiche Emergenti, , Bressanone, Italy, 23-26 March.

[18] J. Lachaize, "Etude Des Stratégies Et Des Structures De Commande Pour Le Pilotage Des Systèmes Energétiques A Pile A Combustible (PAC) Destinés A La Traction", *Thèse docteur de l'Institut National Polytechnique de Toulouse (INPT), Soutenue le 20 septembre 2004*.

[19] S. Pay, Y. Baghzouz, "*Effectiveness Of Battery-Supercapacitor Combination In Electric Vehicles*", In proceeding of IEEE conference Transactions on Power Tech, Bologna, Vol.3, pp.6, 23-26 June 2003.

[20] B. Destraz, "*Utilisation Du Stockage Supercapacitif Dans Le Domaine Traction* ", Bulletin de l'Association Suisse des Electriciens et de l'Association des entreprises électriques suisses (ASE/AES), No.3, pp.19-26.13 February

[21] M. van der Berg, J.A Ferreira, W. Hofsajer, "*A Unity Power Factor Low Emi Battery Charger For Telecommunication Applications*", Telecommunications Energy Conference, INTELEC '95., 17th International, pp.458-465, 29 October-1 November. 1995.

[22] E. Ozatay, B. Zile, J. Anstrom, S. Brennan, "*Power Distribution Control Coordinating Ultracapacitors And Batteries For Electric Vehicles*", Proceedings of American Control Conference, Vol.5, pp.4716-4721, 30 June-2 July 2004

[23] L. Shengyi, R. A. Dougal, "*Design And Analysis Of A Current-Mode Controlled Battery /Ultracapacitor Hybrid* ", Proceeding of the 39th Annual Meeting. Conference of the IEEE Industry Applications Conference, IAS04, Vol.2, pp.1140-1145, 3-7 October. 2004

[24] B. Destraz, P. Barrade, A .Rufer, "*Power Assistance For Diesel-Electric Locomotives With Supercapacitive Energy Storage*", Proceeding of the 35th Annual Conference of the IEEE Power Electronics Specialists Conference, PESC04, Vol.1, pp:677-682, 20-25 June 2004.

[25] P. Le Goff " *Les Supercondensateurs* ", Mise à jour juin 2004 - version 3.0, disponible à http://pl.legoff.free.fr

[26] J. Herminjard, C. Zimmermann, R. Monnier, "*Three-Phase Unity Power Factor AC/DC Converter with Dual Isolated DC/DC Converter for a Battery Charger* ", European Conference on Power Electronics and Applications, EPE99, Lausanne, Switzerland.7-9 September 1999.

[27] J. Herminjard, C. Yechouroun, "*Régulation Adaptative Des Tensions Continues Fournies Par Un Convertisseur AC/DC Vienne* ", Electronique de puissance du futur EPF, Lille/France, 2000.

[28] S. Kerai, "*Calcul du Convertisseur AC-DC avec Correction de Facteur de Puissance* ", Conférence Internationale sur les Systèmes de Télécommunications, d'Electronique Médicale et d'Automatique, Tlemcen, les 27-29 Septembre 2003.

[29] C. Chabert, A. Rufer, "*Optimisation Des Convertisseurs De Puissance Embarques: Adaptation Des Cellules A Lien Alternatif MF Et Commutation Douce* ", EPF 2000 : 8ème

Colloque Electronique de Puissance du Futur, Lille, France, 29Novembre-Decembre2000.

[30] R. Datta, V.T. Ranganathan, *"Control of a 3 Phase Unity Power Factor Bidirectional Front-End Converter Using TMS320F240"*, International Conference on Signal Processing Applications and Technology (ICSPAT'98), Toronto, Canada, Septembre 1998.

[31] S.M. Bashi, N. Mariun, S.B. Noor, H.S. Athab, " *Three-phase Single Switch Power Factor Correction Circuit with Harmonic Reduction* ". Journal of Applied Sciences Vol.5, N°1, pp.80-84, ISSN 1607-8926 2005 Asian Network for Scientific Information 2005.

[32] V. Ramanarayanan, *"Unity Power Factor Front End Rectifier For Three Phase Input. Switched Mode Power Conversion* ", Indian institute of science pp185-193

[33] K. Chatterjee, G. Venkataramanan, M. Cabrera, D. Loftus, *"Unity Power Factor Single Phase Ac Line Current Conditioner* ".In prceeding of the IEEE Industry Applications Conference, Vol. 4, pp:2297-2304. 8-12 October 2000

[34] T. Shimizu, T. Fujita, G. Kimura, J. Hirose, *"Unity-Power-Factor PWM Rectifier With DC Ripple Compensation"*. In proceeding of the 20th International Conference, Industrial Electronics, Control and Instrumentation, IECON, Vol.1, pp.657-662, 5-9 September 1994.

[35] H. F. Bilgin, K.N. Kose, G. Zenginobuz, M. Ermis, E.N.I. Cadirci, H.Kose, *"A Unity-Power-Factor Buck-Type PWM Rectifier For Medium/High-Power DC Motor Drive Applications* ". IEEE Transactions on Industry Applications, , Vol.38 , ISSUE.5, pp:1412- 1425, September-October.2002

[36] ..."*Asservissement D'une Grandeur Physique*", Université Pierre et Marie Curie ENS Cachan, Mise à jour :12-12-04, disponible à http://www.phytem.ens-cachan.fr/

[37] R. Bausiere, F. Labrique, G. Seguier : "Les Convertisseurs De L'électronique De Puissance : La Conversion Alternatif-Continu". *volume.1, Lavoisier TEC-DOC , 2e édition, France, juillet 1997*

[38] R. Bausiere, F. Labrique, G. Seguier, " Les Convertisseurs De L'électronique De Puissance : La Conversion Continu-Continu*", volume 3,. Lavoisier TEC-DOC , 2e édition, France, juillet 1997,*

[39] R. Bausiere, F. Labrique, G. Seguier, "Les Convertisseurs De L'électronique De Puissance : Commande Et Comportement Dynamique ", *volume 5,. Lavoisier TEC-DOC, 2e édition, France, juillet 1997.*

[40] J-P. Ferrieux, F. Forest, "Alimentations à Découpage Convertisseurs a Résonance. Principes-Composants Modelisation ". *Dunod, 3e édition, Paris-France, 2001.*

[41] T. Wildi : "Electrotechnique", *Avec La Collaboration De Gilbert Sybille, 3e édition. DeBoeck-Université, 1999*

[42] H. Laborne, "Les Cours De L'école Supérieure D'électricité –Convertisseurs Assistés Par Un Réseau Alternatif ", *Edition EYROLLES, 2001.*

[43] R.P. Bouchard, G. Olivier, "Electrotechnique", presses internationales polytechnique, 2e édition, Canada, 1999.

[44] G. Séguier, "Electronique De Puissance- Les Fonctions De Base Et Leurs Principales Applications :Cours Et Exercices Résolus", *Dunod, 7e édition, Paris-France, 1999. .*

[45] A. Dell'Aquila, M. Liserre, V.G. Monopoli, M. Capurso,: *"An Unity Power Factor Front-End Rectifier For Dc Power Systems"*,In Procceding of IEEE Transactions on Power Tech Conference, Vol.2, pp.6, Bologna, 23-26 June 2003.

[46] R. M. Schupbach, J. C. Balda, *"Comparing DC-DC Converters For Power Management In Hybrid Electric Vehicles"* , In Procceding of IEEE Transactions on Electric Machines and Drives Conference, IEMDC03, Vol.3, pp.1369-1374, 1-4 June 2003.

[47] Z. Zhongfu, L. Yanzhen, P.J. Unsworth, *"Design Of Dc Link Current Observer For A 3-Phase Active Rectifier With Feedforward Control "*. Proceeding of the 35th Annual Meeting. Conference Industry Applications Conference, IAS, Record of the 2004 IEEE, Vol.1, pp 468, 3-7 October. 2004

[48] C. Chabert, A. Rufer, *"Multilevel Converter with 2 Stage-Conversion"*. In Procceding of Conference EPE, Graz, Autriche,2001.

[49] H.Buhler "Réglage Par Logique Floue ", *Presse Polytechnique et Universitaire Romande, Lausanne-Suise, 1994*

[50] J.P. Barrat , Y. Leucluse, "Principe Et Réalisation Du Contrôleur Flou " *Technique de l'ingénieur. Traité de mesure et contrôle, Série R7428-2 à R7428-5,1996*

[51] A. Dell'Aquila, M Liserre, L. Caponio, C. Cecati, A.Ometto, *"A Fuzzy Logic Feed-Forward Current Controller For PWM Rectifiers"*. In Proceeding of International Symposium Industrial Electronics, ISIE, of the IEEE Transactions on Industrial Electronics, Vol.2 , pp.430-435, 4-8 December 2000

[52] A. Dell'Aquila, M. Liserre, C. Cecati, A. Ometto, *"A Fuzzy Logic CC-PWM Three-Phase AC/DC Converter"*,In Procceding of IEEE of Industry Applications Conference, Vol.2, pp: 987-992, 8-12 October 2000.

[53] D.P. Kothari, B. Singh, A Pandey, : *" Fuzzy Supervisory Controller For Improved Voltage Dynamics In Power Factor Corrected Converter "*. Proceedings of the IEEE International Symposium on Intelligent Control, pp.93-97, 27-30 October 2002

[54] R.P Burgos, E.P Wiechmann, J.R Rodriguez,: *"A Simple Adaptive Fuzzy Logic Controller For Three-Phase PWM Boost Rectifiers"*, In the proceeding of IEEE International Symposium Industrial Electronics, ISIE, Vol.1, pp:321-326,.7-10 July 1998

[55] C. Cecati, *"A Current- Sensorless Three-Phase Active Rectifier With Fuzzy-Logic Control "*. Proceeding of the 39th Annual Meeting. Conference Industry Applications Conference, IAS Record of the 2004 IEEE , Vol.4, pp.2609-2614, 3-7 October. 2004 .

[56] K. Chatterjee, G. Venkataramanan, M. Cabrera, D. Loftus, *"Unity Power Factor Single Phase AC Line Current Conditioner "* In the IEEE Industry Applications Conference, Vol.4, pp.2297-2304, 8-12 October 2000.

[57] A. Daoud, A. Midoun, *"Commande Floue De La Charge D'une Batterie Dans Une Installation Photovoltaique"*, revue des renouvelables numéro spécial Energies Photovoltaïque et Eolienne ICPWE Tlemcen, 20-22 Décembre 2003.

[58] A. Balestrino, A. Landi, L. Sani, *"CUK Converter Global via Fuzzy Logic and Scaling Factors"*. InProcceding of IEEE Transaction on Industrial Applications, Vol.38, N°.2, pp.406-413.2002.

[59] Y. Shi, P.C Sen, *"A New Defuzzification Method for Fuzzy Control of Power Converters"*. In Procceding of IEEE-IAS, Annual Meeting, Rome, Italy,.October 2000.

[60] Principales caractéristiques électriques d'un élément; *"Equipements Et Installations Electriques"*, Concours général des métiers. Présentation générale, baccalauréat professionnel pp.1-14, Session 2000.

RESUME :

On présente dans ce mémoire une commande floue de convertisseurs de l'électronique de puissance AC-DC (redresseurs monophasé et triphasé à commutation forcée), et DC-DC (hacheurs série et série-parallèle), constituant l'alimentation d'un pack de supercapacités utilisé pour le biberonnage d'un véhicule électrique au démarrage. Ce système assure principalement un fonctionnement à facteur de puissance unitaire (UPF) du convertisseur AC-DC du côté alternatif, ce qui réduit considérablement la pollution du réseau électrique par des harmoniques, et une tension de sortie de l'étage continu constante et adaptée à la charge du pack des supercapacités. Les deux convertisseurs DC-DC (hacheurs série et série-parallèle) permettent à la fois et respectivement, une charge lente à courant constant d'un pack de supercapacités et une décharge rapide à courant fort et constant (biberonnage rapide d'un véhicule électrique au démarrage, afin de soulager le réseau d'alimentation).

Les résultats de simulations montrent l'efficacité de ce système de biberonnage qui permet de suivre la demande de puissance tout en contrôlant ses différents éléments et en soulageant le réseau d'alimentation pendent le démarrage du véhicule.

Mots Clés :

Supercondensateur électrique, Convertisseurs statiques AC-DC à UPF, Convertisseurs statiques DC-DC, Logique floue, Biberonnage, Entraînement électrique.

i want morebooks!

Buy your books fast and straightforward online - at one of world's fastest growing online book stores! Environmentally sound due to Print-on-Demand technologies.

Buy your books online at
www.get-morebooks.com

Achetez vos livres en ligne, vite et bien, sur l'une des librairies en ligne les plus performantes au monde!
En protégeant nos ressources et notre environnement grâce à l'impression à la demande.

La librairie en ligne pour acheter plus vite
www.morebooks.fr

VDM Verlagsservicegesellschaft mbH
Heinrich-Böcking-Str. 6-8
D - 66121 Saarbrücken

Telefon: +49 681 3720 174
Telefax: +49 681 3720 1749

info@vdm-vsg.de
www.vdm-vsg.de

Printed by Books on Demand GmbH, Norderstedt / Germany